쉽게 따라 배우는

프랑스 정통 디저트와 제과제빵 실무

French desserts and baking

이주영 저

光文閣
www.kwangmoonkag.co.kr

French desserts and baking

제과제빵 & 디저트를 발간하며…

빵과 과자의 매력에 빠져 시작한 지가 벌써 18년이 되었습니다.

학부 전공과는 너무 다른 분야로 양과자의 전통을 배우고자 본고장인 프랑스 유학을 결심했습니다. 힘들고 포기하고 싶은 유학 생활이었지만 제과제빵의 사랑, 열정 목표가 있었기에 흥미롭게 배울 수 있었습니다.

저에게 '빵과 과자'는 알다가도 모르겠고 항상 연애하는 느낌입니다.

설레고 느낌이 통하고, 기본 원칙을 바탕으로 연구하고 새로운 작품을 작업하다 보면 즐거움과 감동을 주고 삶을 더욱더 풍요롭게 만들어 줍니다. 그리고 기술자는 늘 탐구심을 가지고 지금의 자신에 만족하지 않고 창조력과 노력을 해야지만 보다 좋은 제품과 작품이 나올 수 있다고 믿고 있습니다.

이 느낌을 전공하는 학생들, 유학을 준비하는 분, 제과제빵을 사랑하는 분들께도 전하고자 이 교재를 만들게 되었습니다.

본 교재는 제과제빵 자격증 과정, 정통 프랑스 과자, 디저트 등 짧은 지식, 기술이지만 쉽게 알고 이해할 수 있도록 체계적으로 내용으로 구성했습니다.

Special thanks

본 교재가 출간될 수 있도록 도움을 준 현대직업전문학교 호텔제과제빵 김다솜, 빠띠씨에 전공인 심관영, 박유라, 백지윤 그 외 학생들에게 고마움을 전하며 광문각 출판사 박정태 회장님을 비롯한 임직원들께 감사의 인사를 드립니다.

그리고 항상 저를 위해 기도해 주시고 격려해 주시는 부모님과 휴일도 없이 지내는 나를 이해해 주는 남편 박세준과 사랑하는 아들 성진이에게 고마움을 전합니다.

2017년 여름, 저자 이주영

CONTENTS

1. 프랑스 과자의 기본 반죽법

파트 아 슈	12	크렘 파티시에르	17
파트 사블레 쇼콜라	13	크렘 오 뵈르	18
파트 슈크레	14	크렘 샹티이	19
푀이타주	15	머랭	20
크렘 다망드	16	설탕 시럽 끓이기	21

2. 쁘띠_푸르

코르네 레	25	갈레트 플라망드	44
스트리에 카페	28	피낭시에	47
바통 드 마레소	31	누와제티에르	49
뤼네트	34	마카롱 프랑브와즈	51
디아망 쇼콜라	38	망고 패션마카롱	54
다쿠와즈	41		

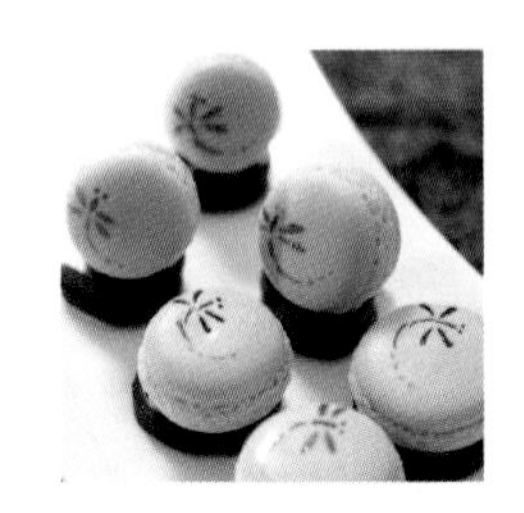

3. 디저트

바니으-프레즈 데 브와 59
바바루와 오 투와 쇼콜라 61
앙트리에 캐러멜 누아제트 63
뷔세 피스타쉬 쇼콜라 65
마로니에 67
뒤세 쇼콜라 69
오페라 72
알람브라 75
뷔쉐롤라드 오 마롱 77
뷔쉐 아라 망고 에 아라 프랑브와즈 79
피스타쉬 바니으무스 81
앙트르메 프랑브와즈 83
자마이끄 85

4. 초콜릿

초콜릿의 종류 87
초콜릿의 온도 조절 테크닉 89
봉봉쇼콜라의 기초 91
기본 몰딩법 92
기본 디핑법 93

가나슈 오 프랑브와즈 95
나슈 오 프뤼 드 라 빠시옹 97
프랄리네 100
파베 쇼콜라 103
망드 쇼콜라 106
로쉐 크루스티앙 109
로쉐 111
가나슈 오 카페 113
망디앙 115
가나슈 피스타쉬 117
가나슈 오랑쥬 119
가나슈 오 테 121

5. 타르트

타르트 레제르 오 시트롱 125
타르틀레트 쇼콜라 누와 128
타르트 쇼콜라 프랄리네 130
타르트 프레즈 133
타르트 오 폼 135
타르트 아브리코 137
타르트 푸아르 캐러멜 140

6. 파운드

갸또 마블레 141
위크앤드 145
에코세이 147
케이크 오 프뤼 149

7. 푀이타주

피티비에 153
밀푀유 156
밀푀유 오 프랄리네 159
스트로젤 162

8.슈

생토노레 167
슈케트 170
에클레르 172
파리 브레스트 174
슈 상티이 177

9. 제과제빵 실기

■ 제과편

파운드 케이크 181
옐로 레이어 케이크 184
버터 스펀지 케이크(별립법) 187
멥쌀 스펀지 케이크 190
버터 스펀지 케이크(공립법) 193
젤리 롤 케이크 196
소프트 롤 케이크 199
시퐁 케이크 203
초코머핀 206
마데라 컵 케이크 209
데블스 푸드 케이크 213
브라우니 215
과일 케이크 218
사과파이 221
찹쌀도넛 224
슈크림 226
타르트 229
버터 쿠키 232
쇼트브레드쿠키 234
마드레느 237
밤과자 239
다쿠와즈 243
퍼프 페이스트리 245
마카롱 쿠키 249
치즈케이크 251
호두파이 255

■ 제빵편

식빵 259
우유식빵 262
옥수수 식빵 265
건포도 식빵 268
풀먼식빵 271
밤식빵 274
버터 톱 식빵 278
단팥빵 281
소보로빵 284
크림빵 287
단과자빵 290
브리오슈 293
버터롤 296
햄버거빵 299
빵도넛 302
베이글 305
그리시니 308
소시지빵 311
모카빵 315
더치빵 319
스위트 롤 323
호밀빵 326
불란서빵 329
데니시 페이스트리 332

10. 제과제빵 이론

제과이론 336
제빵이론 344

11. 도구 및 프랑스 과자 용어해설

도구 358
프랑스 과자 용어해설 362
프랑스 과자 반죽법 용어 365

French desserts and baking

French Desserts and Baking

01

CHAPTER

프랑스 과자의 기본 반죽법

파트 아 슈

Pâte À Choux

1

16세기 초에 이탈리아로부터 프랑스 왕에게 시집간 카트린 드 메디시스의 요리사가 슈 아 라 크렘을 연상시키는 과자를 만들어 냈다는 말도 있지만, 그것은 반죽을 오븐에 굽고 덜 구워진 상태에서 꺼내 속을 도려내고 크림을 채워 넣은 것이다. 17세기가 되면서 반죽을 오븐에 넣고 속이 비도록 굽는 슈가 만들어졌다.

물과 버터를 끓인 다음 밀가루를 넣어 호화시킨 후에 달걀을 넣어 만든다.
물과 우유로 반죽하였을 때 차이점은 우유로 구웠을 때는 색이 좋고 껍질이 부드럽다.

■ 달걀을 나누어 넣어 주는 이유

달걀을 한꺼번에 넣어 반죽을 계속 섞고 있으면 반죽 속의 유지분이 분리되어 스며 나온다.

■ 슈의 제조법

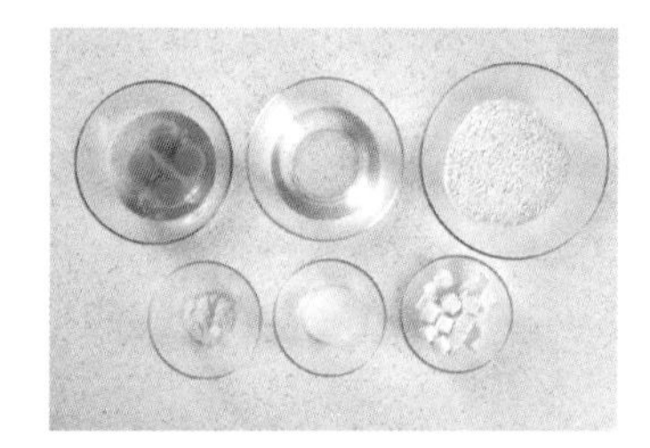

00 물 250g, 버터 100g, 소금 5g, 설탕 15g, 박력분 150g, 달걀 4개

01
1 냄비에 설탕, 소금, 버터를 넣고 버터가 완전히 용해되면서 충분히 끓인다.
2 체에 내린 가루분을 넣어 주걱으로 충분히 섞어 주면서 냄비 밑면이 타지 않도록 재빨리 섞어 볶아준다.

02 반죽을 빈볼에 옮겨 계란을 1개씩 넣어 주걱으로 섞어 반죽을 완성한다.

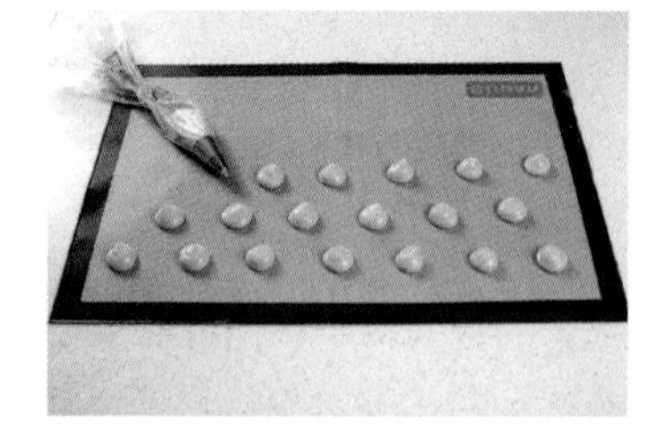

반죽을 짤주머니에 담아 적당한 크기로 팬닝한다.

파트 사블레 쇼콜라

2

Pâte Sablée chocolate

버터, 밀가루를 바슬바슬한 모래 상태로 한 후 전란, 물, 설탕을 섞어 만든 반죽. 타르트나 쿠키 반죽으로 사용된다. 버터와 달걀의 풍미가 풍부하여 식감이 바삭한 작은 구움과자의 이름이다. 사블레를 해서 만들었기 때문이라고도 하고, 또는 구워낸 반죽이 모래처럼 부서지기 쉬우므로 이 이름을 붙었다고도 한다.

■ **사블라주(sablage)**

사블(sable, 모래) 어원으로, 유지와 가루를 바슬바슬한 모래 상태로 만드는 것.
바삭바삭한 느낌의 가벼운 반죽으로 타르트 시트 반죽으로 사용할수 있다.

■ **사블라주로 반죽하는 이유**

밀가루 입자에 유지의 막을 만들어 수분의 침투를 막고, 밀가루에 있는 단백질이 수분을 흡수하면 글루텐이 형성되므로 파이 반죽이 구우면 딱딱해진다.

■ **초코타르트 사블레 반죽 제조법**

00 박력분 500g, 코코아 파우더 40g, 버터(부드러운 상태) 350g, 슈거 파우더 250g, 달걀 1개

01 박력분, 슈거 파우더, 코코아 파우더는 각각 체 쳐 한 볼에 섞는다.

02 과정 (1)에 차가운 버터를 넣고 스크래퍼로 잘게 다져 바슬바슬한 상태로 한다.

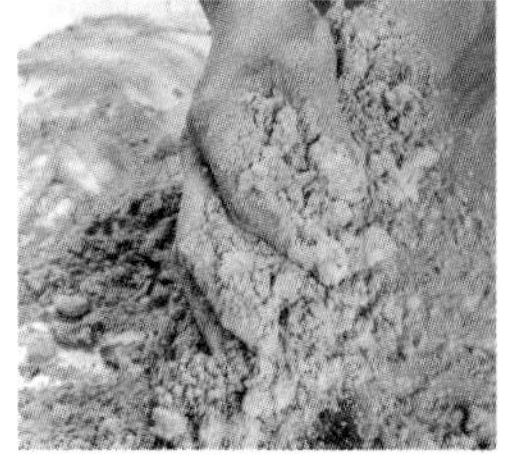

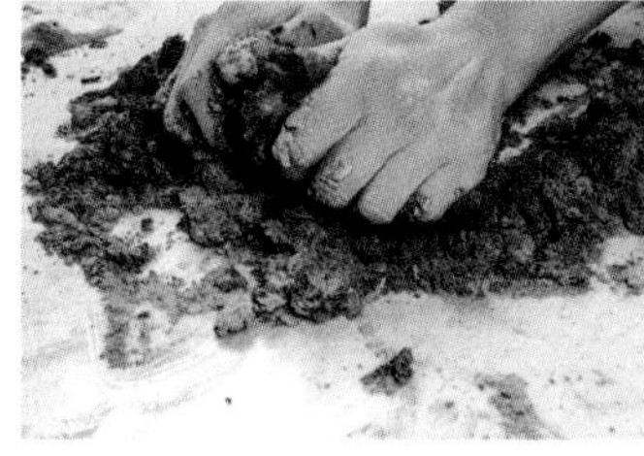

03 과정 (2)에 계란을 넣고 한 덩어리가 되도록 반죽한다.

04 과정 (2)를 비닐에 싸서 냉장고에 20~30분 정도 휴지시킨다.

파트 슈크레

pâte Sucrée

3

버터, 슈거 파우더, 달걀을 크림 상태로 하여 반죽하는 것.
물을 사용하지 않으므로 반죽에 탄력이 없고 반죽의 연결이 좋지 않아 프레제(fraiser) 손바닥으로 반죽을 작업대에 밀어 펴는 작업을 해서 전체적으로 잘 섞고 다루기 쉬운 반죽이다.

■ **파트 슈크레 반죽 제조법**

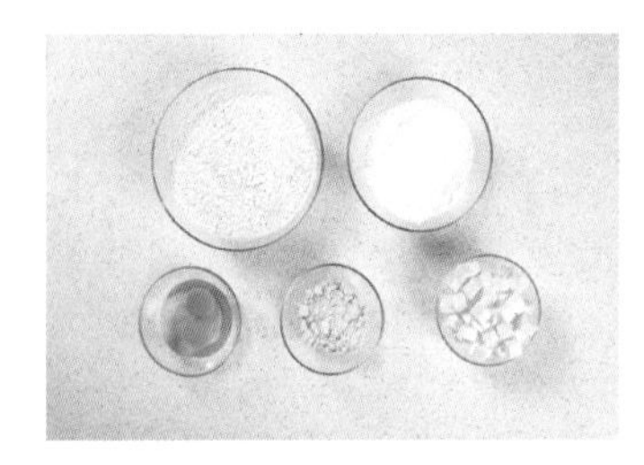

00 박력분 200g, 버터 100, 소금 4g, 설탕 20, 물 5ml, 달걀 1개, 바닐라

01 버터, 소금, 설탕을 고루 섞어 부드러운 상태로 한다.

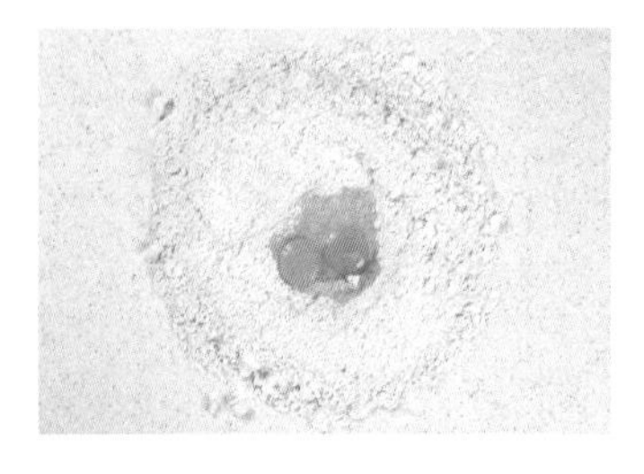

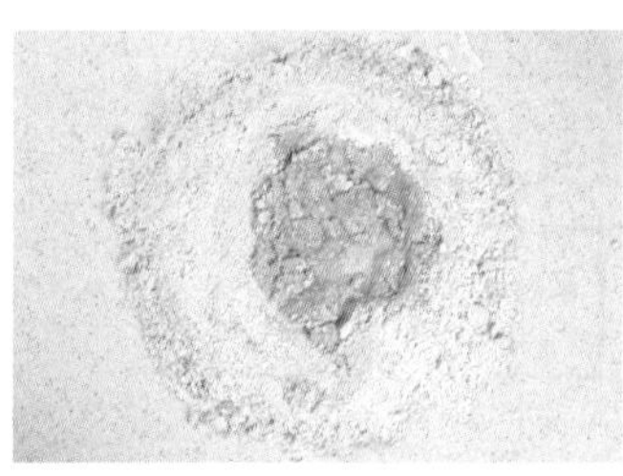

02 과정 (1)에 차가운 버터를 넣고 스크래퍼로 잘게 다져 바슬바슬한 상태로 한다.

03

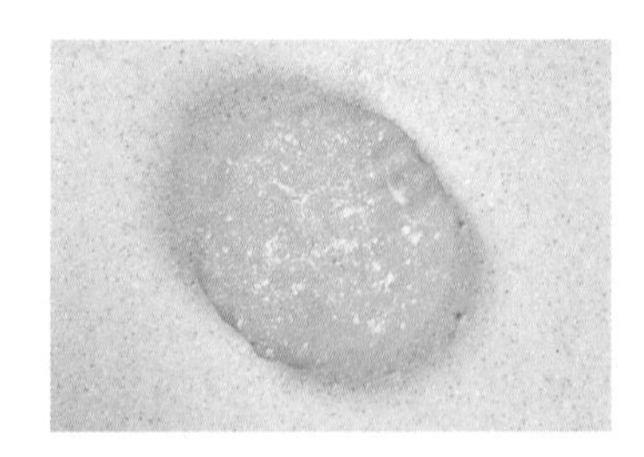

퓌이타주

Feuilletage

4

나뭇잎, 종잇조각이라는 뜻으로 얇은 층이 여러 개 쌓여 생긴 반죽 상태를 나타낸다. 역사는 14세기 초반 프랑스에서 가스토 퓌예(gasteaux feuillés)라고 하는 이름의 과자에 대한 기록이 남아 있다. 유래는 두 가지의 에피소드가 있다. 한 가지는 프랑스 화가 클로드 로랭이 젊은 시절 과자 장인 견습을 하고 있을 때 파이 반죽에 버터를 넣고 반죽하는 것을 잊고 나중에 버터를 싸서 구웠을 때 층 모양으로 부푼 맛있는 파이가 나왔다는 설과 콩데가의 제과장인 퓌예(Feuillet)라는 인물이 만들어 이름이 비슷해 만들어졌다는 두 가지 설이 있다.

■ 퓌이타주 반죽 제조법

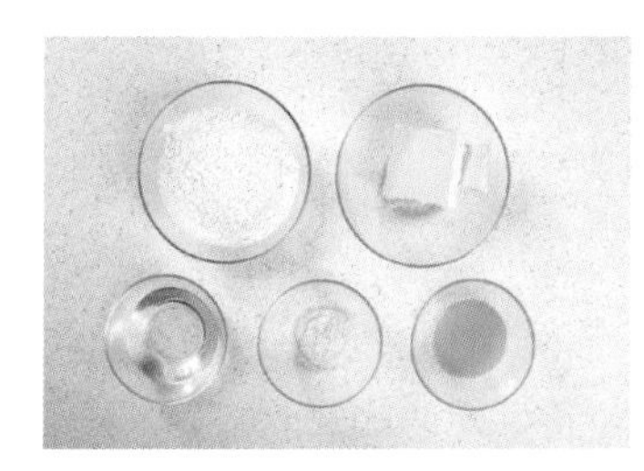

00 박력분 400g, 물 220g, 소금 10g, 버터(중탕) 80g, 충전용 버터 260g

01

1 박력분에 물, 소금, 중탕한 버터를 넣고 매끈한 상태로 반죽한다.

2 비닐에 싸서 냉장고에 30분 정도 휴지시킨다.

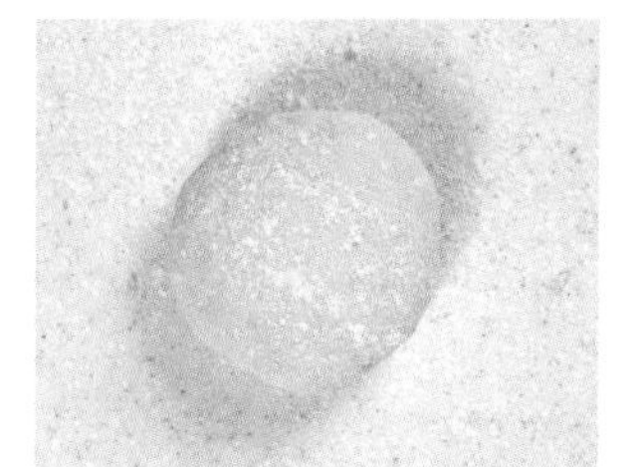

02

충전용 버터를 부드럽게 하여 정사각형으로 성형한다.

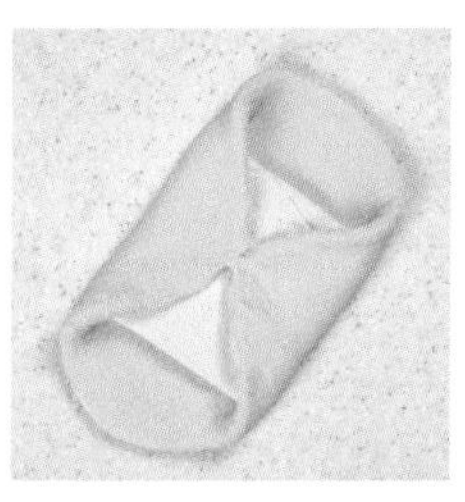

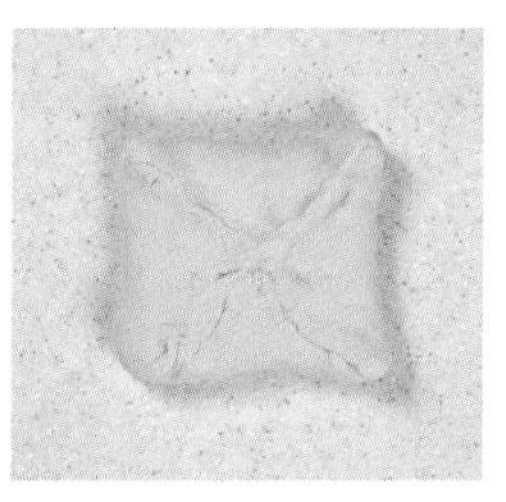

03 과정 (3)을 과정 (2) 반죽 한가운데에 얹어 놓고 네면의 반죽을 싼 다음 모서리를 봉한다.

04 밀가루를 뿌린 작업대 위에 과정 (4)를 밀대로 밑면이 들러붙지 않도록 밀어 편다.

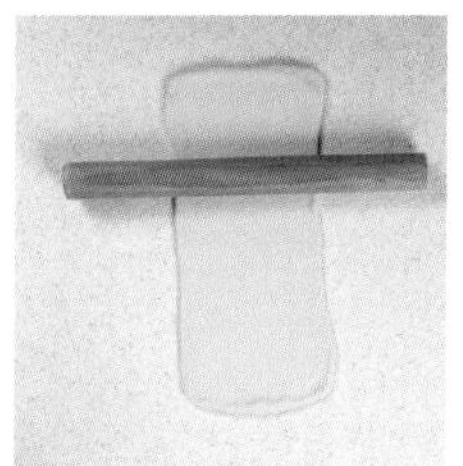

05

과정 (5)를 4절 3회나 3절 3회로 완성하여 용도에 맞게 재단하여 사용한다.

크렘 다망드

5

Crème D'amandes

기본 배합은 버터, 슈거 파우더, 아몬드 파우더, 달걀 모두 같은 비율로(1:1:1:1) 포마드 상태의 버터에 가루분과 수분이 있는 달걀을 넣어 거품기로 섞으면 반죽 안에 공기가 들어가 부드러운 크림이 된다. 바닐라나 럼주 등 알코올을 넣어 향을 내기도 한다.

■ 아몬드크림 제조법

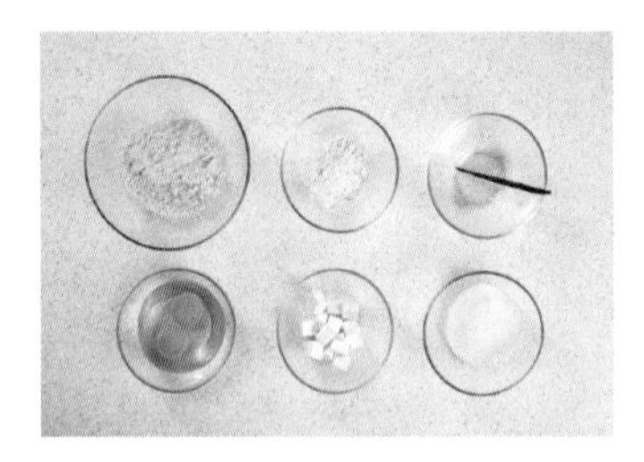

00 버터 120g, 설탕 120g, 달걀 2개, 아몬드 파우더 120g, 키르쉬 20g

01 버터를 거품기로 부드럽게 풀어준다음 설탕, 계란을 넣고 섞어 준다.

02 아몬드 파우더를 넣어 가볍게 섞어 준다.

크렘 파티시에르(패스츄리 크림, 커스터드 크림)

6

Crème Pâtissiere

설탕, 노른자, 밀가루에 우유를 섞어 가열하여 만드는 커스터드 크림.
크렘 파티시에르(패스츄리 크림, 커스터드 크림)에 밀가루를 넣지 않은 소스는 크렘 앙글레즈라고 부른다.
프랑스 과자에 꼭 필요한 것으로 앙트르메, 슈과자, 타르트 등의 충전물로 이용한다.

■ **크렘 파티시에르(패스츄리 크림, 커스터드 크림) 제조법**

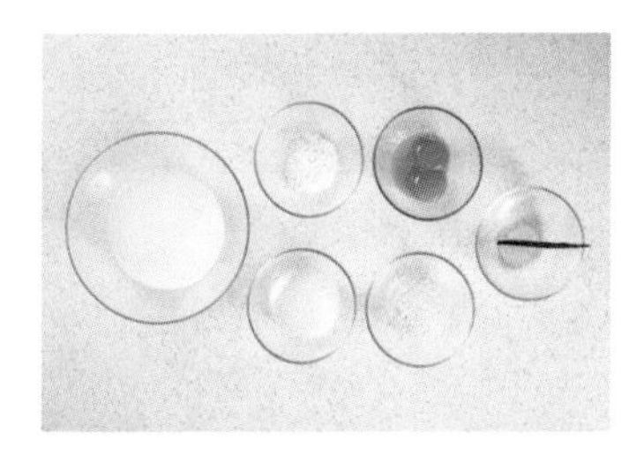

00 우유 500g, 설탕 125g, 노른자 3개, 박력분 25g, 콘스타치 25g, 바닐라 빈 1개

01 냄비에 우유, 설탕(1/2), 바닐라 빈 씨를 긁어 넣고 끓인다.

02 볼에 노른자, 설탕을 넣고 연한 크림색을 만든다.

03 과정 (2)에 체친 박력분, 콘스타치를 넣어 섞는다.

04 과정 (1)을 과정 (3)에 부어준 후 다시 한번 걸쭉한 상태로 끓여 냉각시킨다.

크렘 오 뵈르 (버터크림)

7

Crème Au Beurre

버터크림으로 파트 아 봉브(pâte à bombe)를 베이스로 해서 만드는 방법.
설탕과 물을 118~120℃까지 끓인 시럽(찬물에 담궜을 때 공모양의 형태로 만들어지는 것)을 난황에 부으면서 거품기로 시럽이 식을때까지 섞은 후 버터를 넣어 만든 버터크림이다.

※ Pâte à bombe (파트 아 봉브)
노른자에 설탕시럽(118℃)을 부어 크림 상태
봉브는 공이라는 뜻으로 118℃ 설탕시럽이 찬물에 떨어뜨렸을 때 공모양이 형성된다고 이름을 붙임

■ 버터크림 제조법

00 난황 6개, 설탕시럽(118℃), 설탕 180g, 물 90ml, 버터(부드러운 상태) 300g

01 믹싱볼에 거품기를 끼우고 노른자를 넣고 연한 크림색으로 만든다.

02 냄비에 설탕, 물을 넣고 118℃까지 시럽을 끓인다.

03 과정 (1)에 과정 (2)를 조금씩 부어주면서 고속으로 믹싱한다.

04 과정 (3)에 실온에 둔 버터를 조금씩 나누어 넣어주면서 버터크림을 완성한다.

크렘 샹티이

Crème Chantilly

8

설탕 또는 슈거 파우더를 넣어 거품을 낸 생크림.
거품기로 들었을 때 크림의 끝이 살짝 구부러질 정도의 거품을 낸다.

■ 휘핑크림 제조법

00 생크림 500g, 슈거 파우더 50g

01 생크림을 휘핑한다. (70%)

02 과정 (2)에 슈거 파우더를 넣고 휘핑한다. (90%)

머랭

Meringue

9

므랭그 프랑세즈 (Meringue française) (프렌치 머랭)

찬 머랭으로 머랭 중에 가장 많이 쓰는 머랭이다. 반죽이나 초콜릿에 넣어 무스를 만들기도 한다. 머랭을 만들때는 흰자에 거품을 내면서 설탕을 조금씩 넣으면 단단하고 기포의 안정성이 더욱 좋아진다. 기본 비율은 설탕, 흰자 2:1로 한다.

[프랜치 머랭 제조법(찬 머랭)]

00 흰자 120g, 설탕 240g

01 흰자에 설탕을 넣고
머랭 90% 정도까지 만든다.

머랭그 스위스 (Meringue suisse) (스위스 머랭)

흰자와 설탕(1:2)을 중탕(55~60℃)해서 거품기로 고속믹싱하여 단단한 머랭
다양한 머랭의 모양으로 디저트위에 장식할수 있다.

머랭그 이탈리엔 (Meringue Italienne) (이탈리안 머랭)

설탕시럽(쁘띠 불레 Petit boulé, 118~120°C)을 거품 낸 흰자에 부어 만든 머랭이다.
흰자에 열이 가해져 무스나 크림의 보존성이 좋아지고 기포가 안정된다.

[이탈리안 머랭 제조법]

00 난백 120g, 설탕 60g / 시럽 재료 : 설탕 180g, 물 60g

01 냄비에 설탕, 물을 넣고 시럽 118℃까지 끓인다.

02 거품기를 끼운 믹싱볼에 흰자를 넣고 부드럽게 멍울을 풀어준
다음 (2)의 시럽을 조금씩 넣으면서 이탈리안 머랭을 완성한다.

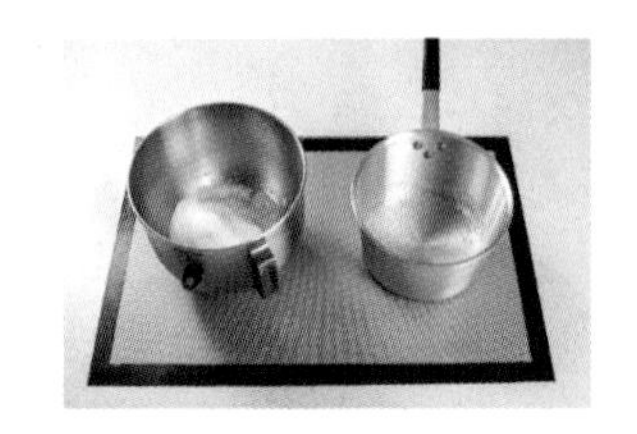

CUISSON DE SUCRE

10

설탕 시럽 끓이기

쁘띠 불레(PETIT BOULE), 118℃

시럽을 찬물에 떨어뜨려 손가락 끝으로 시럽을 둥글리면 볼 상태가 되고 손으로 누르면 모양이 찌그러지는 상태이다. 이탈리안 머랭이나 빠따 봉브에 사용되는 시럽이다.

그로 불레(GROS BOULE), 125℃

쁘띠 불레보다 단단한 볼 상태. 손가락으로 압력을 가하면 탄력이 느껴진다.

그랑 카세(GRAND CASSE), 145℃

굳어서 압력을 가하면 바삭 쪼개져 먹었을 때는 이에 들러붙지 않은 상태. 설탕 공예를 만들 때 적합한 시럽이다.

캐러멜(CARAMEL), 160℃

그랑카세와 같은 모양이고 연한 갈색을 띤다. 크렘 캐러멜이나 소스로 사용한다.

캐러멜(CARAMEL), 180℃

찬물에 시럽을 떨어뜨리면 시럽이 소리를 내며 파열한 듯이 되고 단단하게 굳는 상태이고 진한 갈색이다.

French Desserts and Baking

02
CHAPTER

쁘띠_푸르

Cornets Lait

CORNETS LAIT_코르네 레

MILK CHOCOLATE CONES

콘 모양의 밀크 가나슈 건과자

A. Pâte À Cigarettes
파트 아 시가레트
Cigarette Batter

버터	80g
슈거 파우더	120g
흰자	130g
박력분	90g
바닐라	

B. Ganache au Lait
가나슈 오 레(밀크 가나슈)
Milk Chocolate Ganache

밀크 초콜릿	600g
생크림	250g
연유	25g

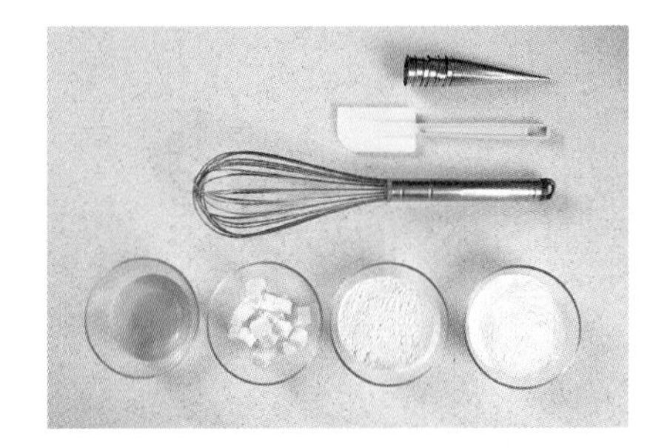

A. 파트 아 시가레트

1. 볼에 버터를 거품기로 부드럽게 풀어 준다.
2. 과정 (1)에 슈거 파우더를 넣고 섞는다.

01

쁘띠 - 푸르

한입 크기의 작은 과자로 앙토냉 카렘 요리사가 오븐의 남은 열로 구워서 쁘띠 작은 Petit- 부뚜막 four이라는 명칭이 붙었다고 한다. 쁘띠 푸르는 두 가지로 분류해 Petit - 부뚜막 four sec : 마른, 건조한 (수분이 없는 과자)로 튀일, 마카롱, 쿠키가 있고 Petit-four sec frais(신선한, 수분감이 있는 촉촉한 과자) 종류로 에클레르, 슈, 타르트, 크림을 넣은 과자 등이 있다.

3. 과정 (2)에 흰자, 박력분을 넣고 거품기로 혼합한다.

02

4. 오븐 팬에 버터 칠을 하고 숟가락으로 동그랗게 모양을 만든다.
5. 180℃에 7~8분 정도 구워 뜨거울 때 콘 모양으로 만든다.

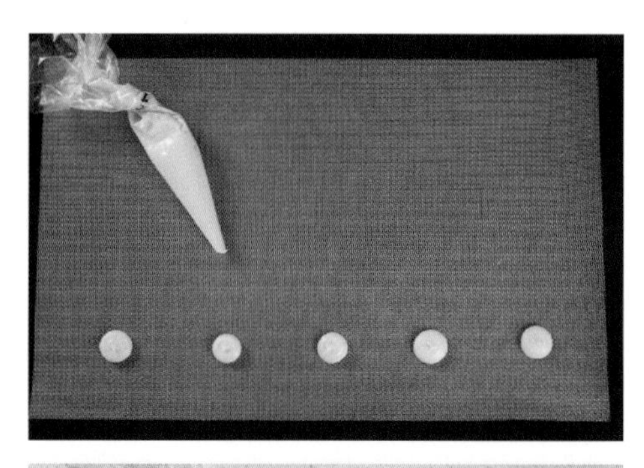

03

B. 밀크 가나슈 (91p 참고)

1. 냄비에 생크림, 연유를 넣고 끓인다.
2. 과정 (1)을 밀크 초콜릿에 부어 유화시킨다.
3. 과정 (2)를 28℃까지 냉각시켜 페이스트 상태로 만든다.

C. 마무리

1. B(가나슈)를 별모양깍지를 낀 짤주머니에 넣어 준다.
2. A(과자) 중앙에 가나슈를 채운다.
3. 윗면에 피스타치오, 초콜릿 등으로 데코한다.

※ 오븐에서 씨가레뜨를 꺼낸 다음 적절한 온도에서 콘 모양이나 담배 모양으로 성형해야 합니다.
씨가레뜨 과자 반죽이 너무 차가우면 부서지기 쉬우므로 차가운 경우엔 오븐에 다시 넣고 몇 분 동안 데우면 됩니다.
굽는 시간과 온도는 참고만 하고 열 강도에 따라 알맞게 적용하세요.

Striés Café

STRIÉS CAFÉ_스트리에 카페

COFFEE FILLED PETITS FOURS

줄무늬 모양을 낸 커피 가나슈쿠키

A. Sablé Chocolate

사블레 쇼콜라

Chocolate Shortbread Pastry

박력분	500g
코코아 파우더	40g
버터(부드러운 상태)	350g
슈거 파우더	250g
달걀	1개

B. Ganache Au Café

가나슈 오 카페(커피 가나슈

Coffee Ganache

물엿	50g
생크림	250g
밀크 초콜릿	250g
다크 초콜릿	250g
버터	50g
인스턴트커피	(적당량)

A. 사블레 쇼콜라 (13p 참고)

1. 박력분, 코코아 파우더, 슈거 파우더를 각각 체 쳐 한 볼에 섞는다.
2. (1)에 버터를 넣고 바슬바슬한 상태로 한다.
3. 과정 (2)에 달걀을 넣고 섞는다.
4. 과정 (3)에 과정 (1)을 넣고 반죽하여 한 덩어리로 성형한 다음 비닐에 싸서 냉장고에 20분 정도 휴지시킨다.
5. 과정 (4)를 스프라이트 모양의 밀대로 7mm 두께로 밀어 적당한 크기로 찍어 오븐 팬에 놓아 준다.

01

6. 180℃에 10~15분 정도 구워 식힘망에 옮긴다.
   (초코 반죽은 굽기 색깔로 확인이 불가능하므로 시간으로 체크한다.)

B. 커피 가나슈 (91p 참고)

1. 냄비에 생크림, 물엿, 커피를 넣고 가열한다.
2. 과정 (1)을 밀크, 다크 초콜릿에 부어 유화시킨다.
3. 과정 (2)에 버터를 넣고 섞은 후 페이스트 상태로 냉각시킨다. (28℃)

C. 마무리

1. 완성된 사블레에 커피 가나슈를 넣어 샌드한다.

02

03

2. 과정 (1)이 적당히 굳으면 코팅 초콜릿으로 쿠키를 1/2이나 전체적으로 코팅하여 마무리한다.

Bâtons de
Maréchaux

BÂTONS DE MARÉCHAUX_바통 드 마레소

MILK CHOCOLATE CONES

막대 모양의 폭신한 건과자

A. Ingrédients Principaux

Principal Ingredients

흰자	8개
설탕	80g
아몬드 파우더	110g
슈거 파우더	110g
박력분	65g
바닐라 파우더	소량

B. Finition

Finish

아몬드 다이스
초콜릿

A. 비스퀴 반죽

1. 아몬드 파우더, 슈거 파우더, 박력분을 각각 체 쳐 한 볼에 섞는다.
2. 흰자에 설탕을 넣고 머랭 90% 정도까지 만든다.

01

02

3. 과정 (2)에 과정 (1)을 나누어 넣으면서 가볍게 반죽한다.
4. 반죽을 짤주머니에 넣어 팬에 적당한 크기로 짠다.

5. 윗면에 아몬드 다이스를 뿌린 후 팬에 남은 아몬드는 털어낸다.

6. 180℃에 10~15분 정도 구워 식힘망에 옮긴다.

B. 마무리

03

1. 과자 밑면에 코팅 초콜릿으로 발라준다.

※ 바통드 마레소는 원수의 지팡이라는 뜻이다.

Lunettes

LUNETTES_뤼네트

GLASSES

안경 모양의 과자

A. Ingrédients Principaux

Principal Ingredients

박력분	400g
베이킹파우더	1g
슈거 파우더	200g
버터	200g
노른자	4개
물	20g
바닐라	(소량)
소금	(소량)
시나몬	(소량)

B. Décor

Decoration

레드커런트 또는 라즈베리잼

슈거 파우더

A. 비스퀴 반죽

1. 박력분, 베이킹파우더, 슈거 파우더. 시나몬을 체 쳐 한 볼에 섞는다.
2. 가루분에 버터를 넣고 스크레퍼로 잘게 자르듯이 섞는다.

01

3. (2)의 과정을 가루분과 버터를 일정한 입자로 바슬바슬하게 한다.

02

03

4. 과정 (3)에 노른자을 넣고 섞어준 다음 손바닥으로 으깨어준다.

5. 과정 (3)에 과정 (1), 물을 넣고 혼합한다.

6. 과정 (4)를 한 덩어리로 반죽해 필름에 싸서 냉장고에 30분 정도 휴지시킨다.

04

7. 과정 (5)를 밀대로 5mm 두께로 밀어 펴서 모양틀로 찍어 오븐 팬에 놓는다.

05

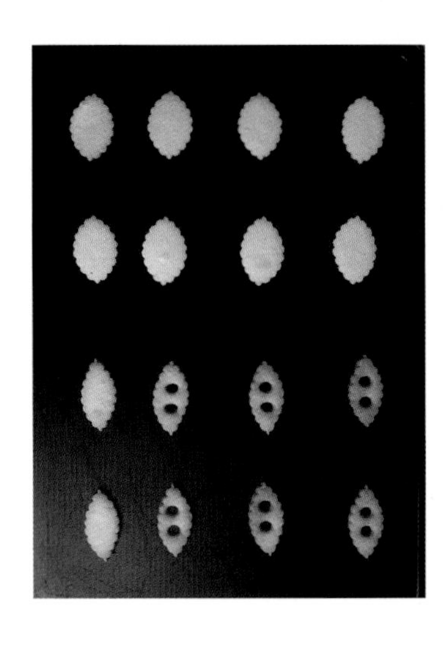

06

7. 170℃에 10~15분정도 구워 식힘망에 옮긴다.

B. 데코

1. 과자 반죽 두 개를 겹쳐 윗면에 슈거 파우더와 라즈베리 잼으로 마무리한다.

07

Diamants Chocolat

DIAMANTS CHOCOLAT_디아망 쇼콜라

CHOCOLATE DLAMONDS

다이아몬드 모양의 초콜릿 쿠키

A. Ingrédients Principaux
Principal Ingredients

버터	200g
슈거 파우더	80g
노른자	20gg
박력분	200g
코코아 파우더	25g

B. Créme au Beurre
크렘 오 뵈르 버터크림

노른자	4개
설탕	120g
물	40ml
버터	180g
럼	15g
녹차 분말&피스타치오 페이스트&녹차 에센스	

C. Croustillant au Grué de Cacao
크루스티앙 오 그뤼 드 카카오 카카오 튀일

글루코오스	100g
설탕	100g
생크림	100g
카카오 닙	50g

D. Decoration

스위스 머랭

카카오 튀일

A. 버스퀴 반죽

1. 버터를 부드럽게 크림화시킨다.
2. 과정 (1)에 노른자를 넣고 섞는다.
3. 과정 (2)에 체친 슈거 파우더, 박력분, 코코아 파우더를 넣고 섞는다.
4. 지름 3mm의 원통 모양으로 성형하여 냉동실에 굳힌다.
5. 과정 (4)를 흰자나 물로 겉면을 발라 설탕에 묻힌다.
6. 1cm 두께로 잘라 오븐 팬에 놓아 준다.
7. 180℃에 10~15분 정도 구워 식힘망에 옮긴다.

B. 버터크림 (18p 참고)

1. 노른자를 거품기로 연한 크림색이 될 때까지 저어 준다.
2. 냄비에 물, 설탕을 넣고 118℃까지 끓여 준다.
3. 과정 (1)에 (2)의 시럽을 천천히 부어 빠뜨 아 봉브을 완성한다.
4. 과정 (3)에 버터를 나누어 넣어 주면서 버터크림을 완성한다.
5. 과정 (4)에 녹차분말, 피스타치오 페이스트, 녹차 에센스 등 다양한 재료를 응용하여 크림을 완성한다.

C. 카카오 튀일

1. 냄비에 글루코오스, 설탕, 생크림을 넣고 끓인다.
2. 과정 (1)에 카카오 닙을 넣고 섞는다.
3. 실리콘 페이퍼를 깐 오븐 팬에 과정 (2)를 부어 넓게 펴준다.
4. 200℃에 10분 정도 넣어 진한 갈색이 될 때까지 구워 준다.
5. 과정 (4)를 실온에서 냉각시킨 후, 원형 틀로 찍어 준다.

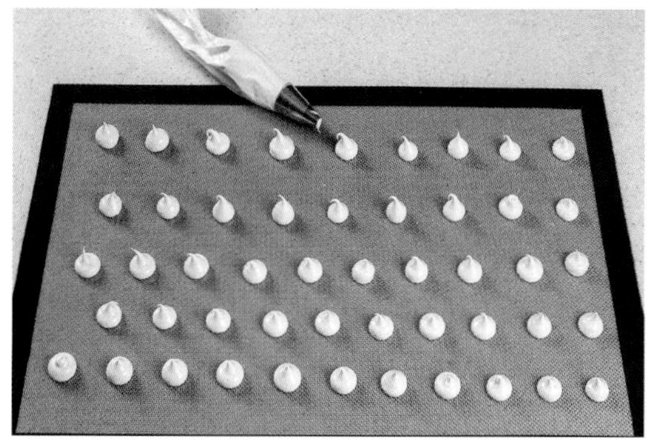

01

D. 마무리

윗면에 버터크림을 짜준 다음, 건조시킨 스위스 머랭과 튀일로 장식한다.

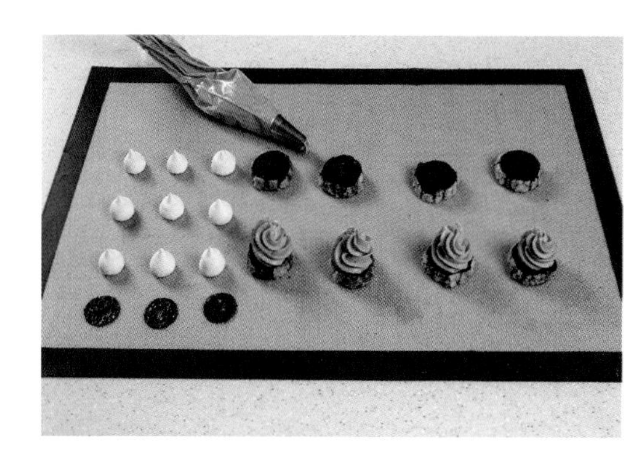

Dacquoise

DACQUOISE_다쿠와즈

DACQUOISE

A. Dacquise aux amandes

다쿠와즈 오 자망드

아몬드 다쿠와즈

아몬드 파우더	140g
슈거 파우더	100g
박력분	60g
바닐라	
흰자	8개
설탕	80g
슬라이스 아몬드	
슈거 파우더	

B. Crème Au Beurre Praliné

크렘 오 뵈르 프랄리네

Praline Butter Cream

노른자	4개
설탕	125g
물	60g
버터	200g
프랄리네	60g

A. 아몬드 다쿠와즈

1. 아몬드 파우더와 슈거 파우더는 각각 체 쳐 볼에 거품기로 섞어둔다.
2. 물기 없는 볼에 흰자를 넣고 설탕을 나누어 넣으면서 단단한 머랭을 만든다.(90%)

01

02

3. 과정 (2)에 과정 (1)을 넣어 주면서 가볍게 섞는다.

04

4. 준비된 짤주머니에 반죽을 넣어 원형으로 짜준다.
5. 예열된 180℃ 오븐에 12분 정도 구워 식힘망에 옮긴다.

B. 프랄리네 버터크림

1. 믹싱볼에 노른자를 넣고 거품기로 연한 크림색으로 만든다.
2. 냄비에 설탕, 물을 넣고 118℃까지 시럽을 끓인다.
3. 과정 (1)에 과정 (2)를 조금씩 부어준다.
4. 과정 (3)에 실온에 둔 버터, 프랄리네를 조금씩 나누어 넣어 주면서 버터크림을 완성한다

C. 마무리

05

다쿠와즈시트(A) 두 개 사이에 프랄리네 버터크림을 모양깍지로 짜준다.

Galette Flamande

GALETTE FLAMANDE_갈레트 플라망드

PEAR TART CRISP ALMOND CRUST

크리스피 아몬드 배 타르트

A.Pâte Sucrée

파트 슈크레 (슈거 도우)

Sweet Pastry Dough

버터	150g
박력분	250g
소금	3g
설탕	80g
아몬드 파우더	30g
바닐라	
달걀	1개

B. Garniture Garnish

버터	60g
설탕	60g
서양배	2개
건포도	60g
배술(과일 브랜디)	30g

카시스 시럽 60g

C. Décor Decoration

흰자	8개
설탕	80g

아몬드 가루	125g
슈거 파우더	100g
바닐라	

아몬드 슬라이스

슈거 파우더

A. 파트 슈크레 (14p 참고)

1. 박력분, 아몬드 파우더를 체 쳐 한 볼에 섞는다.
2. 버터, 설탕, 소금을 넣고 부드럽게 풀어준 다음 달걀을 넣어 준다.
3. 과정 (2)에 박력분, 아몬드 파우더를 넣어 한 덩어리로 반죽하여 필름에 싸서 냉장고에 1~2시간 정도 넣어 둔다.

01

02

B. 가니쉬

1. 건포도는 뜨거운 물에 한 번 데쳐 체에 받쳐 물기를 제거한다.
2. 서양배는 정사각형(1 × 1)으로 깍둑썰기한다.
3. 달구어진 팬에 버터, 설탕을 넣고 과정 (1), 과정 (2)를 넣고 볶아 준다.
4. 과정 (3)을 빈 볼에 옮겨 카시스 시럽과 브랜디를 넣어 냉각시킨다.

03

C. 데코 (20p 참고)

1. 아몬드 파우더, 슈거 파우더는 각각 체 쳐 한 볼에 섞는다.
2. 흰자에 설탕을 넣고 머랭 90% 정도까지 만든다.
3. 과정 (1), 과정 (2)를 넣고 가볍게 섞는다.

D. 마무리

1. 빠뜨 쉬크레 반죽을 밀어 펴서 적당 크기의 틀로 찍어 팬에 놓는다.

2. 과정 (1) 위에 완성된 과일 충전물을 적당량 올린다.
3. 데코 머랭을 과정 (2) 위에 모양있게 짜준 후 아몬드 슬라이스, 슈거 파우더를 뿌린다.
4. 180℃에 20~25분 정도 구워 준다.

04

Financiers

FINANCIERS_피낭시에

SMALL ALMOND CAKES

A. Ingrédients

Ingrédients

슈거 파우더	350g
아몬드 파우더	125g
바닐라	1g
흰자	325g
박력분	125g
버터	200g
초코칩	

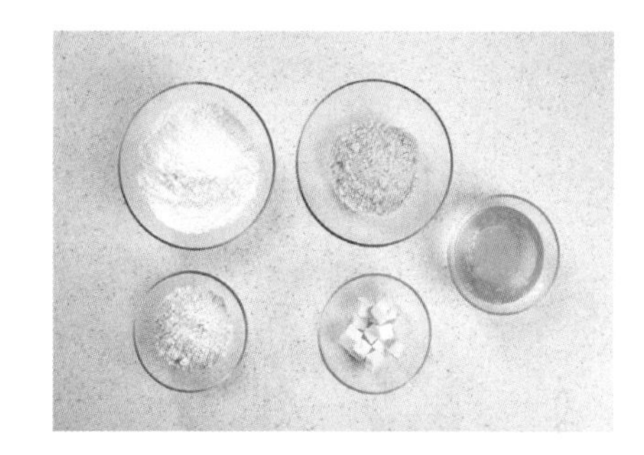

A. 피낭시에 반죽

01

1. 아몬드 파우더, 슈거 파우더, 바닐라, 박력분을 각각 체 쳐 한 볼에 섞는다.
2. 과정 (1)에 흰자를 넣어 거품기로 섞는다.
3. 버터를 태운 후 짙은 갈색이 나면 고운 체에 걸러 준다.

02

03

4. 과정 (3)을 과정 (2)에 넣어 섞는다.
5. 완성된 반죽을 짤주머니에 넣어 준다.
6. 버터를 바른 피낭시에 틀에 반죽을 70% 정도 채운다.
7. 윗면에 초코칩 적당량을 올려 완성한다.
8. 180℃에 10분 정도 구워 식힘망에 옮긴다.

Noisetier

NOISETIER_누와제티에르

HAZELNUT CAKE

A. Ingrédients

Ingrédients

달걀	3개
노른자	1개
설탕	70g
헤이즐넛 파우더	55g
박력분	55g
콘스타치	55g

흰자	4개
설탕	130g
버터(중탕)	90g
슬라이스 아몬드	

B. Décor Decoration

슈거 파우더

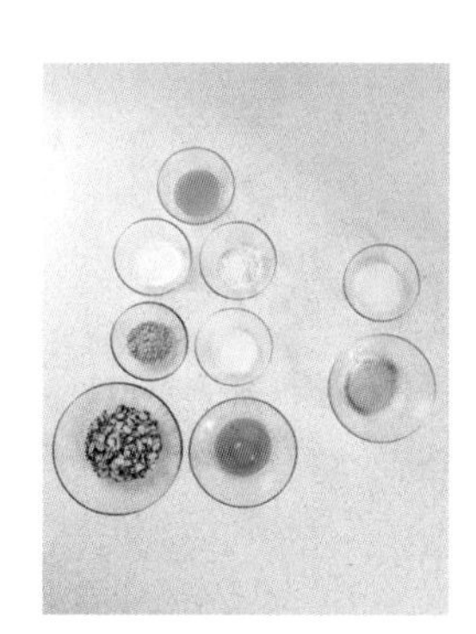

A. 누와제티에르 반죽

1. 흰자에 설탕1/2를 넣고 휘핑한다. (90%)

01

02

2. 볼에 달걀, 노른자, 설탕을 넣고 연한 크림색이 될 때까지 저어준다.
3. 각각 체 친 헤이즐넛 파우더, 박력분, 콘스타치를 넣고 한 볼에 섞는다.
4. 과정 (1), (2), (3)을 섞는다.
5. 중탕한 버터를 과정 (4)에 넣어 반죽을 완성한다.
6. 몰드에 버터를 바른 후 슬라이스 아몬드를 넣어 묻힌 후 여유분의 아몬드는 털어 낸다.

03

7. 완성된 반죽 (5)를 과정 (6)에 80% 정도 채운다.
8. 180℃에 15~20분 정도 구워 틀을 바닥 면이 위쪽으로 뒤집어서 식힘망에 옮긴다.
9. 완성된 과정(8)에 슈거 파우더로 데코하여 마무리한다.

Pâte à Macaron Framboises

Pâte à MACARON FRAMBOISES_ 마카롱 프랑브와즈

RASPBERRY FILLED MACAROONS

A. Pâte à Macaron

파트 아 마카롱

Macaroon

슈거 파우더	212g
아몬드 파우더	218g
난백(1)	60g

[이탈리안 머랭]

난백(2)	72g
물	44g
설탕	194g
식용색소 빨간색	
천연색소 빨간색	

B. Crème Au Beurre

크렘 오 뵈르

Butter Cream

난황	6개
설탕 시럽(118°C)	
설탕	180g
물	90ml
버터(부드러운 상태)	300g
천연 딸기 시럽	
라즈베리 리플 잼	

A. 마카롱 (20p 참고)

01

1. 아몬드 파우더, 슈거 파우더는 각각 체 쳐 한볼에 섞는다.
2. 믹싱볼에 흰자 (1)을 넣고 비터로 믹싱한 다음 천연색소를 넣어 혼합한다.

02

3. 냄비에 설탕, 물을 넣고 시럽 116℃까지 끓인다.
4. 거품기를 끼운 믹싱볼에 흰자 (2)를 넣고 부드럽게 멍울을 풀어준 다음 (3)의 시럽을 조금씩 넣으면서 이탈리안 머랭을 완성한다.

03

5. 과정 (2)와 과정 (4)의 머랭을 혼합하여 적당한 반죽 농도로 완성한다.

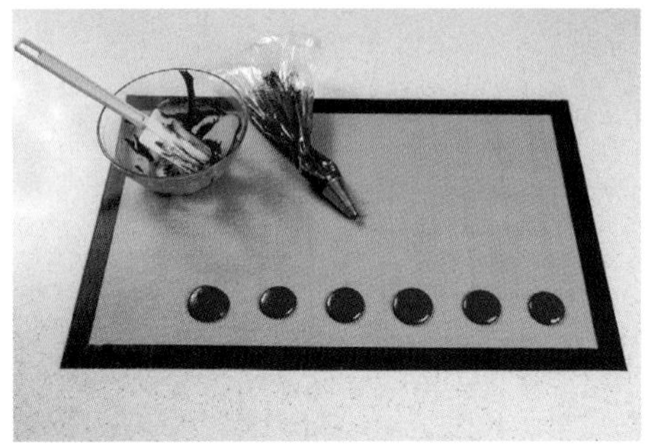

04

6. 실리콘 페이퍼를 깐 오븐 팬에 적당한 크기로 마카롱반죽을 짜준다.
7. 과정 (4)를 실온에 두어 1-2시간 정도 건조시킨다.
8. 180℃에 15~20분 정도 구워 준다.

B. 버터크림 (18p 참고)

1. 믹싱볼에 거품기를 끼우고 노른자를 넣고 연한 크림색으로 만든다.
2. 냄비에 설탕, 물을 넣고 118℃까지 시럽을 끓인다.
3. 과정 (1)에 과정 (2)를 조금씩 부어 주면서 고속으로 믹싱한다.
4. 과정 (3)에 실온에 둔 버터를 조금씩 나누어 넣어 주면서 버터크림을 완성한다.
5. 완성된 버터크림에 잼을 섞는다.

마카롱

머랭 과자로 대표적이며 흰자, 설탕, 슈거 파우더, 아몬드 파우더가 주재료이다.
유래는 메디치가의 카트린 공주가 앙리 2세에게 시집갈 때 데리고 간 요리사에 의해 프랑스에 전해졌으며, 18세기에 프랑스 혁명 당시 낭시에 있었던 수녀들이 자신들을 숨겨준 집주인의 친절함에 대한 보답으로 마카롱을 만들었는데 그후 마카롱이 낭시 전역으로 퍼져 나갔다.

Pâte à Macaron Mangue passion

Pâte à MACARON Mangue passion_망고 패션마카롱

Mangue passion FILLED MACAROONS

A. Pâte à Macaron

파트 아 마카롱

Macaroon

슈거 파우더	212g
아몬드 파우더	218g
난백(1)	60g

[이탈리안 머랭]

난백(2)	72g
물	44g
설탕	194g
식용색소	노란색
천연색소	노란색

B. Ganche mangue passion

가나슈 망고 패션

Ganche mangue passion

망고 퓌레	490g
패션 퓌레	123g
화이트 초콜릿	112g
설탕	92g
글루코오스	89g
생크림	74g
펙틴	11g
레몬즙	7g
아가	2g

A. 마카롱 (20p 참고)

1. 아몬드 파우더, 슈거 파우더는 각각 체 쳐 한볼에 섞는다.
2. 믹싱볼에 흰자 (1)을 넣고 비터로 믹싱한다음 천연색소를 넣어 혼합한다.

01

3. 냄비에 설탕, 물을 넣고 시럽116℃까지 끓인다.
4. 거품기를 끼운 믹싱볼에 흰자 (2)를 넣고 부드럽게 멍울을 풀어준 다음 (3)의 시럽을 조금씩 넣으면서 이탈리안 머랭을 완성한다.

02

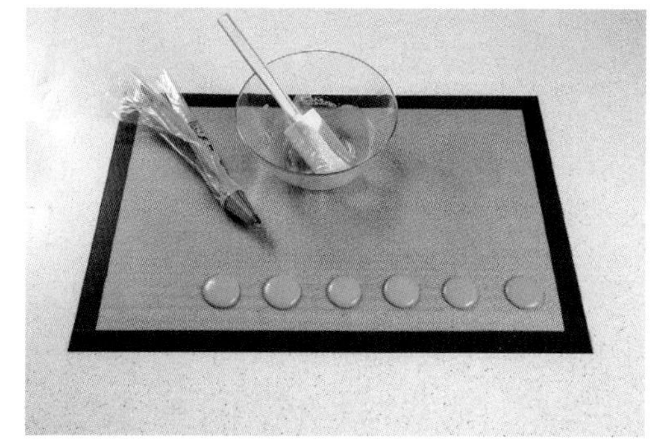

03

04

5. (2)와 (4)의 머랭을 혼합하여 적당한 반죽농도로 완성한다.
6. 실리콘 페이퍼를 깐 오븐 팬에 적당한 크기로 마카롱반죽을 짜준다.
7. 과정(4)를 실온에 두어 1-2시간정도 건조시킨다.

05

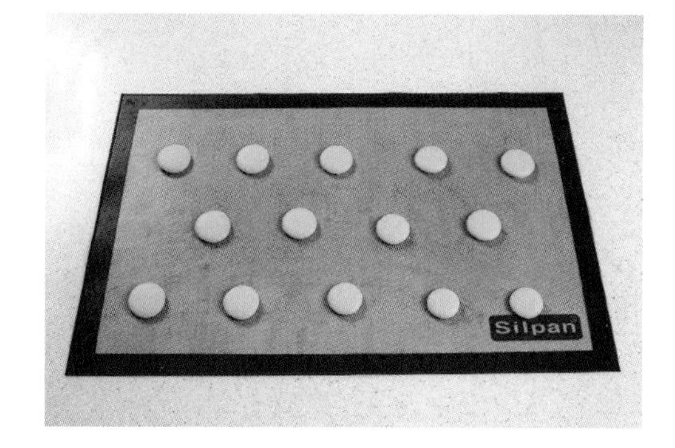

8. 180℃ 에 15~20분 정도 구워준다.

B. 망고 패션 가나슈 (91p 참고)

1. 냄비에 망고 퓌레, 패션 퓌레, 설탕, 글루코오스를 넣고 가열한다.
2. (1)에 생크림, 펙틴, 레몬즙, 아가를 넣고 4분 정도 끓인다.
3. 화이트 초콜릿에 (2)를 부어 가나슈를 완성한다.
4. 냉각 팬에 옮겨 하루밤 동안 보관한다.
5. 완성된 마카롱에 샌드한다.

French Desserts and Baking

03 CHAPTER

디저트

VANILLE-FRAISES DES BOIS_바니으-프레즈 데 브와

WILD STRAWBERRY AND VANILLA

바닐라-후레쉬 딸기 무스

A. Dacquoise Aux Amandes

아몬드 다쿠와즈

Almond Dacquoise

흰자	100g
설탕	80g
아몬드 파우더	80g
슈거 파우더	40g

B. Mousse Aux Fraises Des Bois

후레쉬 딸기 무스

Wild Strawberry Mousse

판젤라틴	4장
딸기 퓌레	40g
후레쉬 딸기 으깬 것	32g
설탕	25g
레몬즙	3g
키르쉬	5g
생크림	200g

C. Mousse Aux Vanille

바닐라 무스

Vanlile Mousse

우유	63g
생크림(a)	32g
바닐라 빈	1개
설탕	32g
노른자	2개
생크림(b)	225g
판젤라틴	2장

A.아몬드 다쿠와즈

1. 아몬드 파우더와 슈거 파우더는 각각 체 쳐 볼에 섞어둔다.
2. 물기 없는 볼에 흰자를 넣고 설탕을 나누어 넣으면서 단단한 머랭을 만든다. (90%)
3. 과정 (2)에 과정 (1)을 나누어 넣으면서 가볍게 섞어 준다.
4. 준비된 짤주머니에 반죽을 넣어 원형으로 짜준다.
5. 예열된 180℃ 오븐에 12분 정도 구워 식힘망에 옮긴다.

B. 후레쉬 딸기 무스

1. 냄비에 퓌레와 설탕, 딸기 으깬 것를 넣고 끓여 준다.
2. 과정 (1)에 불린 판젤라틴을 넣어 풀어준 후 고운 체에 내린다.
3. 과정 (2)를 차갑게 냉각시킨 후 레몬즙, 키르쉬를 넣어 준다.
4. 휘핑한 생크림(80%)에 과정 (3)을 조금씩 넣어 섞는다.

C. 바닐라 무스

1. 냄비에 우유, 생크림(a), 바닐라 빈을 넣고 끓인다.
2. 볼에 노른자, 설탕을 거품기로 연한 크림색이 될 때까지 저어 준다.
3. 과정 (1)을 과정 (2)에 부어 거품기로 혼합한다.
4. 물에 불린 판젤라틴을 과정 (3)에 부어 식힘망에 옮긴다. (30℃)
5. 생크림 (b)를 80~90% 정도 휘핑해서 과정 (4)번과 잘 섞어 준다.

D. 마무리

1. 딸기 무스 - 시트 - 바닐라 무스 순으로 채워 냉장고에 굳힌다.

※ **바닐라 빈의 사용법** - 바닐라 빈을 칼등으로 평평하게 해서 가로로 칼집을 넣은 다음 씨를 긁어내어 사용한다.

바바루아

바바루아는 독일의 바이에른(바바리아, Baviere)지방에서 유래되었지만 기원은 프랑스 안토냉 카렘시대에 프로마주 바바루아라고 불리었으며 유동성 있는 반죽이 굳은 치즈 상태와 같다고 불리었으며, 시간이 흘러 지금현재는 가볍게 거품을 낸 생크림과 노른자, 설탕을 섞어서 젤라틴으로 굳힌 앙트르메이다.

즐레

프랑스어로 즐레(Geleé), 영어로는 젤리(Jelly)라고 한다. 과일, 퓌레 등으로 색을 내어서 산뜻한 디저트를 만들 수 있다.

BAVAROIS AUX TROIS CHOCOLATS_바바루와 오 투와 쇼콜라

THREE CHOCOLATE BAVARIAN CREAM

다크, 밀크, 화이트 바바루와 초콜릿 무스

A. Biscuits À La Cuillère

비스퀴 아 라 퀴이에르

Lady Finger 'Biscuit' Sponge

노른자	5개
흰자	5개
설탕	125g
박력분	125g

B. Bavarois Au Chocolate

다크, 밀크, 화이트 초콜릿 바바루와 크림

Chocolate Bavarian Cream

우유	250g
생크림(a)	250g
노른자	8개
설탕	87g
판젤라틴	6g
생크림(b)	500g
다크 초콜릿 100g	
밀크 초콜릿	100g
화이트 초콜릿	100g

C. Sirop Au Cacao

카카오 시럽

Cocoa syrup

물	250ml
설탕	250g
코코아 파우더	50g

D. Gelée Au Cacao

카카오 젤리

Cocoa Jelly

물	200ml
설탕	300g
글루코오스	50g
판젤라틴	7장
코코아 파우더	60g

A. 비스퀴 아 라 퀴이에르

1. 노른자에 설탕(1/2)을 넣어 거품기로 연한 크림색이 될 때까지 저어 준다.
2. 흰자에 설탕(1/2)을 나누어 넣어 주면서 머랭 90%까지 만든다.
3. 과정 (1)에 과정 (2)를 넣어 섞는다.
4. 과정 (3)에 박력분을 넣어 가볍게 혼합한다.
5. 반죽을 짤주머니에 넣어 적당한 모양으로 짜준다.
6. 예열된 180℃ 온도에 10~12분 정도 식힘망에 옮긴다.

B. 다크, 밀크, 화이트 초콜릿 바바루와 크림

1. 냄비에 우유, 생크림을 넣고 끓인다.
2. 노른자에 설탕을 넣고 거품기로 연한 크림색이 될 때까지 저어 준다.
3. 과정 (1)을 과정 (2)에 부어 잘 섞은 후 다시 한번 불에 올려 끓여 준다.
4. 물에 불린 판젤라틴을 과정 (3)에 넣어 섞어준 후 체에 내려 걸러 준다. (30℃)
5. 다크, 밀크, 화이트 초콜릿을 각각 중탕시킨다.
6. 생크림 (b)를 80~90% 정도 휘핑한다.
7. 과정 (4)를 각각의 볼에 3등분 나눈다.
8. 과정 (7)에 과정 (5)를 각각의 볼에 넣어 섞는다.

C. 카카오 시럽

냄비에 물, 설탕을 끓인 후 코코아 파우더를 넣고 거품기로 섞은 후 고운 체에 걸러 준다.

D. 카카오 젤리

1. 냄비에 물, 설탕, 글루코오스 넣고 끓인다.
2. 과정 (1)에 체 친 코코아 파우더, 물에 불린 판젤라틴을 넣고 거품기로 풀어 준다.
3. 과정 (2)를 고운 체에 걸러 준다.

E. 마무리

무스 - 시트(시럽) - 무스 - 시트(시럽) 순으로 채워 냉장고에 굳힌다.

Entremets
Caramel-Noisettes

ENTREMETS CARAMEL-NOISETTES_앙트리에 캐러멜 누아제트

CARAMEL-HAZELNUT MOUSSE CAKE

캐러멜 - 헤이즐넛 무스 케이크

A. Biscuits À La Cuillère

비스퀴 아 라 퀴이에르

Lady Finnger 'Biscuit' Sponge

노른자	5개
흰자	5개
설탕	125g
박력분	125g

B. Sauce Caramel

캐러멜 소스

Caramel Sauce

설탕	150g
글루코오스	40g
물(a)	60g

끓인물(b)	90g

소금	소량
연유	180g
바닐라 리퀴드	3

C. Mousse Caramel-Praliné

캐러멜 프랄리네 무스

Caramel Mousse

캐러멜 소스	145g
즐레데세르	20g
물	35g
프랄리네	75g
생크림	260g

A. 비스퀴 아 라 퀴이에르

1. 노른자에 설탕(1/2)을 넣어 거품기로 크림화시킨다.
2. 흰자에 설탕(1/2)을 나누어 넣어 주면서 머랭 90%까지 만든다.
3. 과정 (1)에 과정 (2)를 넣어 섞는다.
4. 과정 (3)에 박력분을 넣어 가볍게 혼합한다.
5. 반죽을 짤주머니에 넣어 적당한 모양으로 짜준다.
6. 예열된 180℃ 온도에 10~12분 정도 구워 식힘망에 옮긴다.

B. 캐러멜 소스

1. 냄비에 설탕, 글루코오스, 물(a)을 넣고 캐러멜화될 때까지 가열한다.
2. 과정 (1)에 끓인 물(b)을 넣어 한 번 더 끓여 체에 내린다.
3. 과정 (2)에 연유, 소금, 바닐라 리퀴드를 넣어 냉장고에 넣어 둔다.

C. 캐러멜 프랄리네 무스

1. 캐러멜 소스에 즐레데세르를 넣고 거품기로 덩어리 없이 풀어 준다.
2. 과정 (1)에 물과 프랄리네를 넣고 혼합한다.
3. 휘핑한 생크림과 과정 (2)를 섞어 준다.

D. 마무리

1. 비스퀴 - 무스 - 비스퀴 - 무스를 채운 다음 냉동실에 굳힌다.
2. 초콜릿 분사기를 사용하여 전체적으로 분사한다.

Bûche Pistache-Chocilat

BÛCHE PISTACHE-CHOCOLAT_ 뷔세 피스타쉬 쇼콜라

CHOCOLATE-PISTACHIO LOG CAKE

피스타치오- 초콜릿 나무토막 모양의 케이크

A. Biscuit Pistache

피스타치오 비스퀴

'Biscuit' Sponge

아몬드 파우더	70g
피스타치오 페이스트	50g
슈거 파우더	120g
노른자	4개
달걀	1개

흰자	4개
설탕	50g

박력분	90g
버터	30g (중탕)

B. Imbibing Syrup 시럽

Imbibing Syrup

설탕	100g
물	100ml
키르쉬	

C. Ganache 가나쉬

Ganache

초콜릿	250g
생크림	250g

D. Finition 마무리

Finish

코팅 초콜릿, 피스타치오 분태

초콜릿 스프링

A. 피스타치오 비스퀴

1. 슈거 파우더, 노른자, 달걀 1개는 거품기로 연한 크림색을 만든다.
2. 과정 (1)에 피스타치오 페이스트를 넣어 가볍게 섞어준 다음 아몬드 파우더를 넣어 준다.
3. 흰자에 설탕을 넣어 머랭을 만든다. (90%)
4. 과정 (2)에 과정 (3), 박력분, 중탕한 버터를 넣어 골고루 섞어 준다.
5. 버터를 칠한 몰드에 완성된 반죽을 부어 예열된 170℃ 오븐에 구워 완성한다.

B. 시럽

1. 설탕과 물을 끓인 후 식은 후 키르쉬를 넣어 준다.

C. 가나슈

1. 초콜릿에 끓인 생크림을 부어 유화시킨다.

D. 마무리

1. 완성된 비스퀴 반죽을 3단 수평으로 잘라 준다.
2. 시트 위에 시럽을 붓으로 골고루 발라 준다.
3. 사이사이에 가나슈를 넣어 3단 케이크를 완성한다.
4. 코팅용 초콜릿으로 과정 (3)을 글라사주 한다.
5. 겉면에 초콜릿이 다 굳으면 가나슈로 장식하여 마무리한다.

비스퀴 아 라 퀴이예르

프랑스어로 쿠이예르(cuillère)는 스푼이라는 뜻이며 처음 만들어졌을 때는 짤주머니나 모양깍지가 나오기 전에 반죽을 스푼으로 떠서 구웠으므로 이런 이름이 붙여졌다. 흰자에 설탕을 조금씩 넣어면서 충분히 거품을 낸 후 노른자를 넣어 만든 별립법에 의한 반죽이다.

빠뜨 드 마롱(밤페이스트)

밤을 찌는 방법 등으로 가열한 과육을 으깨 설탕, 바닐라를 넣어 만든 것. 단맛과 향도 강하지 않아 생크림 등과 섞어서 사용한다.

MARRONNIER_ 마로니에

CHESTNUT MOUSSE CAKE

밤 페이스트를 활용하여만든 밤무스케이크

A. Biscuits À La Cuillère

비스퀴 아 라 퀴이에르

Lady Finnger 'Biscuit' Sponge

흰자	5개
노른자	5개
설탕	125g
박력분	125g

B. Mousse Aux Marrons

밤무스 크림

Chestnut Mousse

마롱 페이스트	170g
마롱 크림	170g
생크림	40g
판젤라틴	3 1/2장
위스키	30g
생크림(휘핑)	400g

C. Crème Légère Aux Noix

부드러운 호두 크림

Light Walnut Cream

생크림	35g
가루 판젤라틴	15g
밤 다이스	75g
호두 리큐르	40g
생크림(휘핑) 245g	

D. Sirop Au Whisky 시럽

Whisky Syrup

시럽	250ml
위스키	40ml

E. Miroir Chocolate

초콜릿 글레이즈

Chocolate Glaze

초콜릿	250g
물	125ml
글루코오스	125g

F. Finition 마무리

Finish

초콜릿 글레이즈, 초콜릿 스프레이

A. 핑거 스폰지 비스퀴

1. 노른자에 설탕(1/2)을 넣어 거품기로 크림화시킨다.
2. 흰자에 설탕(1/2)을 나누어 넣어 주면서 머랭 90%까지 만든다.
3. 과정 (1)에 과정 (2)를 넣어 섞는다.
4. 과정 (3)에 가루분을 나누어 넣어 주면서 섞는다.
5. 반죽을 짤주머니에 넣어 원형 모양으로 짜준다.
6. 예열된 180℃ 온도에 10~12분 정도 구워 식힘망에 옮긴다.

B. 밤무스 크림

1. 밤 페이스트를 거품기로 부드럽게 풀어 준다.
2. 생크림(40g)를 데운 후 물에 불린 판젤라틴을 넣고 부드럽게 풀어 준다.
3. 과정 (1)에 과정 (2)를 혼합한다.
4. 생크림을 거품기로 80% 정도 휘핑한 다음 3과정을 혼합한다.
5. 과정 (4)에 위스키를 넣어 준다.

C. 부드러운 호두크림

1. 생크림(35g)을 가열한다.
2. 과정 (1)에 가루 젤라틴을 넣고 덩어리 없이 풀어 준다.
3. 과정 (2)에 밤 다이스와 호두 리큐르를 넣고 섞는다.
4. 휘핑한 생크림(80%)과 과정 (3)을 혼합한다.

D. 시럽

끓인 시럽을 식힌 후 위스키와 섞어 준다.

E. 글레이즈

초콜릿, 물, 글루코오스를 끓인 후 체에 한 번 걸러 준다.

F. 마무리

1. 시트를 재단하여 무스 옆면에 두른다.
2. 바닥에 시트를 깐다.
3. 무스 - 시트 - 무스 순으로 채워 냉동실에 굳힌다.
4. 초콜릿 글레이즈로 윗면을 마무리한다.

Douceur Chocolat

DOUCEUR CHOCOLAT_부드러운 초콜릿-뒤세 쇼콜라

HEAVENLY CHOCOLATE

헤이즐넛 다쿠와즈에 크리스피한 프랄리네초콜릿을 올린 쁘띠-푸르이다.

A. Dacquoise Aux Noisettes

헤이즐넛 다쿠와즈

Hazelnut Dacquoise

헤이즐넛 파우더	135g
슈거 파우더	150g
흰자	150g
설탕	50g

B. Croustillant Praliné

크리스피 프랄리네

Crispy Praline

헤이즐넛 프랄리네	250g
밀크 초콜릿	65g
페이틴 포요틴	125g
버터	25g
헤이즐넛(로스팅)	50g

C. Chantilly Au Chocolate

초콜릿 샹티이 크림

Chocolate Chantily Cream

밀크 초콜릿	200g
생크림	300ml

A. 헤이즐넛 다쿠와즈 (20p 참고)

1. 헤이즐넛 파우더와 슈거 파우더를 각각 체친 후 한 볼에 섞는다.
2. 물기 없는 볼에 흰자에 설탕을 넣고 90% 정도 휘핑한다.
3. 과정 (1), 과정 (2)를 가볍게 주걱으로 섞는다.

01

02

4. 짤주머니에 넣어 적당한 모양으로 짠다.
5. 적당한 몰드를 이용해 모양을 찍어낸다.

03

6. 180℃에 구워 식힘망에 옮긴다.

B. 크리스피 프랄리네

1. 볼에 밀크 초콜릿을 중탕한 후 프랄리네를 넣어 준다.
2. 과정 (1)에 버터, 페이틴 포요틴, 헤이즐넛을 넣고 섞는다.
3. 냉각 팬에 필름을 깔고 넓게 펴서 냉장고에 굳힌다.
4. 굳으면 적당한 몰드로 찍는다.

04

C. 초콜릿 샹티이 크림

1. 밀크 초콜릿을 중탕한다.
2. 생크림을 80% 정도 휘핑한다.
3. 과정 (1), 과정 (2)를 섞는다.

D. 마무리

1. 헤이즐넛 다쿠와즈를 적당한 틀로 모양을 낸다.
2. 크리스피 프랄리네-초콜릿 샹티이 크림 순으로 올린다.
3. 물, 설탕을 1:1로 끓여 캐러멜화를 시킨다음 실팻에 모양내어 부어 준다.

05

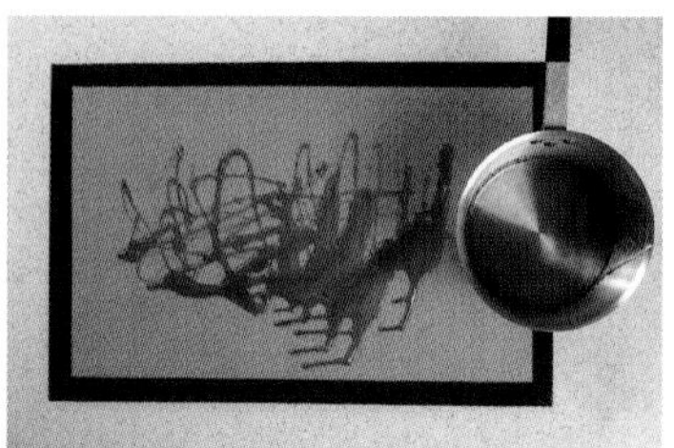

4. 과정 3을 적당한 크기로 잘라 윗면에 데코한다.

opéra

비스퀴 조콩드 시트에 커피 시럽을 충분히 흡수시키고 커피 버터크림과 가나슈를 층층이 쌓아 만든 프랑스의 대표적인 초코 케이크다.

OPÉRA_오페라

OPERA

20세기 중반에 빠리 오페라 극장 근처에 있는 달루와요(Dalloyau)라는 과자점에서 만들었다.

A. Biscuit Jocond

비스퀴

Joconde 'Biscuit' Sponge

슈거 파우더	120g
아몬드 파우더	140g
박력분	40g
달걀	4개

흰자	4개
설탕	60g

버터(중탕)	30g

B. Crème Au Beurre Au Café

커피 버터크림

Coffee Butter Cream

노른자	4개
설탕	120g
물	40ml
버터	180g
커피 엑기스	

C. Ganache 가나슈

Ganache

다크 초콜릿	200g
생크림	200g

D. Infusion Pour Imbibage

시럽

Infusion For Inbibing Syrup

물	100ml
커피 엑기스	20ml
시럽	160ml

A. 비스퀴 조콩드

1. 슈거 파우더, 아몬드 파우더, 박력분을 각각 체 쳐 한 볼에 섞는다.
2. 과정 (1)에 달걀을 넣고 섞는다.
3. 흰자에 설탕을 넣고 거품의 머랭을 70% 정도 만든다.
4. 과정 (2)에 과정 (3)을 넣고 섞는다.
5. 과정 (4)에 중탕한 버터를 넣어 준다.
6. 오븐 팬 위에 실리콘 페이퍼를 깔고 완성된 반죽을 부어 준다.
7. 예열된 190℃에 9분 정도 구워 식힘망에 옮긴다.

B. 커피 버터크림

1. 노른자를 거품기로 연한 크림색이 될 때까지 저어 준다.
2. 냄비에 물, 설탕을 넣고 118℃까지 끓여 준다.
3. 과정 (1)에 (2)의 시럽을 천천히 부어 파트 아 봄브를 완성한다.
4. 과정 (3)에 버터를 나누어 넣어 주면서 버터크림을 완성한다.
5. 과정 (4)에 커피 엑기스를 적당히 넣어 섞어 준다.

C. 가나슈

1. 냄비에 생크림을 끓인다.
2. 과정 (1)을 다크 초콜릿에 붓고 유화시켜 가나슈를 만든다.

D. 시럽

1. 물, 커피, 엑기스 시럽을 한 볼에 섞는다.

E. 마무리

1. 시트(A)를 3등분 자른다.
2. 시트 한 개에 초콜릿을 발라 냉장고에 굳힌다.

E. Finition 마무리

Finish

코팅 초콜릿	
다크 초콜릿	60g
버터	30g

3. 과정 (2) 위에 버터크림 - 시트(시럽) - 가나슈 - 시트(시럽) - 버터크림 순으로 발라 냉장고에 굳힌다.
4. 코팅 초콜릿으로 글라사주하여 적당한 크기로 자른다.
5. 'Opera' 글씨와 금박으로 마무리한다.

opéra (오페라)

20세기 중반에 빠리 오페라 극장 근처에 있는 달루와요(Dalloyau)라는 과자점에서 만들었다.
비스퀴조콩드 시트에 커피 시럽을 충분히 흡수시키고 커피 버터크림과 가나슈를 층층이 쌓아 만든 프랑스의 대표적인 초코 케이크다.

커피 에센스

진하게 추출한 커피와 캐러멜로 만든 것으로 인스턴트커피를 녹여서 사용하는 것보다 향이 좋고 진한 색을 낼 수 있다.

Joconde (조콩드)

레오나르도 다빈치가 그린 초상화 <모나리자>를 말한다. 이탈리아는 예로부터 아몬드의 명산지였기 때문에 아몬드를 사용한 과자에서는 이탈리어와 연관된 이름을 많이 볼 수 있다.

Alhambra

ALHAMBRA_ 알람브라

CHOCOLATE CAKE

A. Biscuits À La Cuillère

비스퀴 아 라 퀴이에르

Lady Finnger 'Biscuit' Sponge

흰자	5개
노른자	5개
설탕	125g
박력분	125g

B. Mousse Aux Marrons

밤무스 크림

Chestnut Mousse

마롱 페이스트	170g
마롱크림	170g
생크림	40g
판젤라틴	3 1/2장
위스키	30g
생크림(휘핑) 400g	

C. Crème Légère Aux Noix

부드러운 호두크림

Light Walnut Cream

생크림	35g
가루 판젤라틴	15g
밤 다이스	75g
호두 리큐르	40g
생크림(휘핑) 245g	

D. Sirop Au Whisky

시럽 Whisky Syrup

시럽	250ml
위스키	40ml

E. Miroir Chocolate

초콜릿 글레이즈

Chocolate Glaze

초콜릿	250g
물	125ml
글루코오스	125g

F. Finition 마무리 Finish

초콜릿 글레이즈, 초콜릿 스프레이

A. 헤이즐넛 자허

1. 헤이즐넛 파우더, 박력분, 코코아 파우더를 각각 체 쳐 한 볼에 섞어 둔다.
2. 노른자에 설탕을 넣고 거품기로 연한 크림색이 될 때까지 섞어준다.
3. 흰자에 설탕을 넣고 거품의 머랭을 90% 정도 만든다.
4. 과정 (1), (2), (3)을 한꺼번에 섞는다.
5. 종이를 깐 직사각형 틀에 부어 180℃ 오븐에 30분 정도 구워 식힘망에 옮긴다.

B. 시럽

물, 시럽, 커피 엑기스를 넣고 끓여준 후 식으면 럼을 넣고 섞어 준다.

C. 가나슈

1. 냄비에 생크림을 넣고 바닐라 빈 씨를 긁어 넣은 후 끓인다.
2. 과정 (1)을 체에 걸러 준다.
3. 과정 (2)를 다크 초콜릿에 붓고 유화시켜 가나슈를 만든다.

D. 마무리

1. 시트를 일정한 두께로 가로로 3단 자른다.
2. 시트에 시럽을 붓으로 적당히 바른다.
3. 적당히 굳은 가나슈를 일정한 5mm 두께로 짜준다.
4. 과정 (3)의 가장자리를 마무리한 후 코팅용 초콜릿으로 글라사주한다.
5. 과정 (4)의 초콜릿이 굳으면 윗면에 초콜릿 웨이브로 마무리한다.

BÛCHE ROULARDE AUX MARRONS_뷔쉐롤라드 오 마롱

CHESTNUT YULELOG

밤크림 장작 모양의 롤케이크

A. Biscuit Viennois Au Chocolate

비스퀴 초콜릿

Chocolate Viennese Biscuit

아몬드 파우더	112g
슈거 파우더	112g
흰자	56g
노른자	90g
박력분	66g
코코아 파우더	23g
흰자	200g
설탕	73g

B. Sirop

시럽Syrup

물	300ml
설탕	300g
바닐라 빈	1개
럼	80ml

C. Crème De Marrons

밤 퓌레

Chestnut Purée

버터	200g
밤 페이스트	500g
럼	100g
생크림	200ml

A. 비스퀴 초콜릿

1. 흰자에 설탕을 넣고 머랭 90%까지 만든다.
2. 아몬드 파우더, 슈거 파우더, 박력분, 코코아 파우더를 각각 체 쳐 한 볼에 섞는다.
3. 노른자와 흰자(56g)를 넣고 섞어 준다.
4. 과정 (3)에 과정 (1)을 1/3을 넣고 섞어 준다.
5. 과정 (4)에 과정 (2)의 가루분을 넣고 가볍게 섞어준 후 나머지 머랭을 넣어 준다.
6. 180℃에 10~13분 정도 구워 식힘망에 옮긴다.

B. 시럽

1. 물, 설탕, 바닐라 빈을 넣고 끓인 후 식으면 럼을 넣고 섞어 준다.

C. 밤 퓌레

1. 버터를 거품기로 부드럽게 풀어 준다.
2. 과정 (1)에 밤 페이스트를 넣고 섞는다.
3. 과정 (2)에 80% 휘핑한 생크림, 럼을 넣고 섞는다.

D. 마무리

1. 비스퀴 시트 위에 시럽을 바른다.
2. 과정 (1)에 마롱 크림을 넓게 펴준다.
3. 과정 (2)를 원통으로 말아 냉장고에 굳힌다.
4. 과정 (3)에 마롱 크림으로 형태를 만든 후 초콜릿 분사기로 겉면을 뿌려 준다.

BÛCHE À LA MANGUE ET À LA FRAMBOISE_뷔쉐 아라 망고 에 아라 프랑브와즈

MANGO AND RASPBERRY YULELOG,

산딸기 잼이 들어간 망고 장작 모양의 롤케이크

A. Dacquoise

다쿠와즈 Dacquoise

흰자	450g
아몬드가루	400g
슈거 파우더	450g
설탕	150g

B. Mousseline Mangue

망고 무스

Mango Mousseline

망고 퓌레	300g
노른자	67g
설탕	100g
콘스타치	25g
버터	75g

키르쉬	20g
생크림	170g
버터	75g
판젤라틴	2장

C. Crumble

크럼블

Crumble

슈거 파우더	125g
버터	95g
박력분	200g
바닐라 리퀴드	

D.Crémeux À La Framboise

라즈베리 크림

'Creamy' Raspberry

프랑브와즈 퓌레	330g
콘스타치	15g
설탕	55g
판젤라틴	2장

A. 다쿠와즈

1. 아몬드 파우더와 슈거 파우더는 각각 체 쳐 볼에 거품기로 섞어 둔다,
2. 물기 없는 볼에 흰자를 넣고 설탕을 세 번에 나누어 넣으면서 단단한 머랭을 만든다.
3. 짤주머니에 원형깍지를 끼워 준비한다.
4. 머랭에 가루분을 3번에 나누어 넣으면서 가볍게 섞어 준다.
5. 준비된 짤주머니에 반죽을 넣어 원형으로 짜준다.
6. 예열된 180℃ 오븐에 12분 정도 구워 식힘망에 옮긴다.

B. 망고 무스

1. 냄비에 망고 퓌레, 버터, 설탕 1/2을 넣고 가열한다.
2. 노른자와 설탕 1/2을 넣고 연한 크림색이 될 때까지 섞는다.
3. 과정 (2)에 콘스타치를 넣고 섞는다.
4. 과정 (1), (2)를 혼합하여 다시 가열한다.
5. 불에서 내린 과정 (4)에 물에 불린 판젤라틴을 넣고 섞어 냉장고에 넣어 둔다. (망고크림 완성)
6. 믹싱 볼에 버터를 부드럽게 풀어 준 다음 과정 (5)의 망고크림 1/2, 키르쉬를 넣고 섞는다.
7. 남은 망고 크림 1/2과 휘핑한 생크림(90%)을 섞는다.
8. 과정 (6)과 (7)을 전체적으로 섞는다.

C. 크럼블

1. 박력분, 슈거 파우더, 버터를 넣고 바슬바슬한 상태로 한다,
2. 과정 (1)에 바닐라 리퀴드를 넣고 섞는다.
3. 유산지를 깐 오븐 팬에 넓게 펴서 180℃에 10분 정도 구워 식힘망에 옮긴다.

D. 라즈베리 크림

1. 냄비에 산딸기 퓌레, 설탕을 넣고 끓인다.
2. 과정 (1)에 콘스타치을 넣고 거품기로 섞는다.
3. 과정 (2)를 불에서 내려 물에 불린 판젤라틴을 넣고 섞어 준다.

F. 마무리

1. 비스퀴 시트 위에 시럽을 바른다.
2. 과정 (1)에 라즈베리 잼을 넓게 펴준다.
3. 과정 (2)를 원통으로 말아 냉장고에 굳힌다.
4. 과정 (3)에 망고크림을 바른 후 초콜릿 분사기(화이트 초콜릿)로 겉면을 뿌려 준다.

Pistache - Vanille Mousse

PISTACHE-VANILLE MOUSSE_피스타쉬 바니으무스

PISTACHIO AND VANILLE MOUSSE

피스타치오 바닐라 무스 컵케이크

A. Dacquoise Aux Amandes

아몬드 다쿠와즈

Almond Dacquoise

흰자	200g
설탕	160g
아몬드 파우더	160g
슈거 파우더	80g

B. Crème Pistache

피스타치오 크림

Pistachio Cream

생크림	350g
우유	125g
피스타치오 페이스트	40g
노른자	6개
설탕	80g
판젤라틴	3장
럼	10g

C. Suprême À La Vanille

바닐라 소스

Supreme Vanille

우유	125g
생크림	60g
바닐라 빈	1개
노른자	4개
생크림	400g
판젤라틴	3장

D. Chantilly au chocolat

초콜릿 샹티이

Chantilly chocolate

다크 초콜릿	200g
생크림	200g

A. 아몬드 다쿠와즈

1. 흰자에 설탕을 넣고 머랭 90% 정도 만든다.
2. 아몬드 파우더, 슈거 파우더는 각각체 쳐 한 볼에 섞는다.
3. 과정 (1)에 과정 (2)를 넣고 가볍게 섞는다.
4. 반죽을 짤주머니에 넣어 적당한 크기로 짠다.
5. 180℃에 10~15분 정도 구워 준다.

B. 피스타치오 크림

1. 노른자에 설탕을 넣어 거품기로 연한 크림색을 만든다.
2. 우유를 80℃로 데운다.
3. 과정 (1), 과정 (2)를 혼합하여 다시 불에 올려 가열한다.
4. 과정 (3)에 물에 불린 판젤라틴, 피스타치오 페이스트, 럼를 넣고 체에 걸러 준다.
5. 휘핑한 생크림(80%)에 과정 (4)를 넣어 섞는다.

C. 바닐라

1. 우유, 생크림(60g), 바닐라 빈을 끓인다.
2. 볼에 노른자, 설탕을 넣고 거품기로 섞는다.
3. 과정 (2)를 중탕물 위에 올려 거품기로 설탕이 녹을 때까지 저어 준다.
4. 과정 (1), 과정 (3)을 혼합한 후 물에 불린 판젤라틴을 넣어 체에 걸러 준다.
5. 휘핑한 생크림(80%)과 과정 (5)를 섞는다.

D. 초콜릿 샹타이

1. 다크 초콜릿을 50℃까지 중탕한 다음 32℃까지 초콜릿 온도를 낮춘다.
2. 휘핑한 생크림(80%)에 과정 (1)을 조금씩 넣어 준다.

F. 마무리

1. 시트 - 크림 - 시트 - 크림 순으로 마무리한다.

앙트르메(Entremets)

원래 앙트르 레 메(Entre les mets), 요리와 요리의 중간이라는 뜻
식사의 양식은 로마식연회로 화려했고 식사하는 시간도 길어지면서 요리와 요리의 중간에 먹는 앙트르메가 시간이 흐르면서 체계화되어 식사 마지막에 나오는 디저트로 바뀐 것이다.

ENTREMETE FRAMBOISE_앙트르메 프랑브와즈

RASPBERRY MOUSSE CAKE

산딸기 무스 케이크

A. Biscuit Au Joconde

비스퀴 조콩드

Joconde 'Biscuit' Sponge

슈거 파우더	120g
아몬드 파우더	140g
박력분	40g
달걀	4개
설탕	60g
흰자	4개
버터	30g(중탕)

B. Appareil À Cigarette

버터 시가렛

Cigarette Batter

버터	40g
슈거 파우더	40g
흰자	40g
박력분	40g
식용색소(적색)	적당량

C. Mousse Aux Framboise

라즈베리 무스

Raspberry Mousse

산딸기 퓌레	155g
설탕	50g
레몬즙	5g
키르쉬	10g
판젤라틴	4장
생크림	300g

D.Framboise à giasage

프랑브와즈 아 글라사주

프랑브와즈 퓌레	100g
퐁당	150g
물엿	50g
젤라틴	4장

A. 비스퀴 조콩드

1. 슈거 파우더, 아몬드 파우더, 박력분은 각각 체 쳐 한 볼에 섞는다.
2. 과정 (1)에 달걀을 넣고 가볍게 섞는다.
3. 흰자에 설탕을 넣고 머랭 90%까지 만든다.
4. 과정 (2)와 과정 (3)을 혼합한다.
5. 과정 (4)에 용해된 버터를 넣고 마무리한다.

B. 버터 시가렛

1. 볼에 버터를 넣고 거품기로 부드럽게 풀어 준다.
2. 과정 (1)에 슈거 파우더를 넣고 섞는다.
3. 과정 (2)에 흰자, 박력분을 넣고 매끄럽게 거품기로 섞어 준다.
4. 과정 (3)에 적색을 적당량 넣고 반죽을 완성한다.
5. 실리콘 페이퍼를 깐 팬에 반죽을 넓게 펴준다.
6. 페뉴(삼각칼)로 스프라이트 모양을 낸다.
7. 냉동실에 20분 정도 굳힌다.

※ **비스뀌 굽기** - A위에 B를 부어 200℃에 8~10분 정도 구워 준다.

C. 라즈베리 무스

1. 냄비에 산딸기 퓌레, 설탕을 넣고 덩어리 없이 끓인다.
2. 과정 (1)에 물에 불린 판젤라틴을 넣고 풀어준 후 식힘망에 옮긴다.
3. 생크림을 80% 정도 휘핑한다.
4. 과정 (3)에 과정 (2)를 조금씩 넣으면서 주걱으로 가볍게 섞는다.
5. 과정 (4)에 키르쉬, 레몬즙을 넣어 마무리한다.

D. 프랑브와즈 글라사주

1. 냄비에 퓌레, 퐁당, 물엿을 넣고 끓인 다음 물에 불린 젤라틴을 넣어 완성한다.

F. 마무리

1. 무스틀 옆면에 비스퀴를 두르고 밑면에 비스뀌 깐다.
2. 크림-시트-크림-글라사주 순으로 윗면을 마무리하여 냉동실에 굳힌다.

Jamaïque

JAMAÏQUE_자마이끄

JAMACA

A. Génoise

제누아즈 Genoise Sponge

달걀	4개
노른자	2개
설탕	150g
박력분	150g
버터(중탕)	25g

B. Mousse Mangue-Passion

망고 패션 후르츠 무스

Mango-Passion Fruit Mousse

판젤라틴	4장
패션 퓌레	70g
망고 퓌레	100g

Meringue italienne

흰자	85g
물	40g
설탕	170g

생크림(휘핑) 170g

C. Mousse Au Chocolat Blanc

화이트 초콜릿 무스

White Chocolate Mousse

우유	30g
판젤라틴	2장
화이트 초콜릿	100g
럼	10g
생크림	250g

D. Mousse Fraise

딸기 무스 Strawberry Mousse

딸기퓌레	225g
설탕	50g
판젤라틴	3장
생크림	250g

A. 제누아즈

1. 믹싱 볼에 달걀, 노른자, 설탕(1/2)을 넣고 연한 크림색이 될 때까지 저어 준다.
2. 과정 (1)에 체친 박력분을 넣고 가볍게 섞는다.
3. 과정 (2)에 버터를 넣고 반죽을 마무리한다.
4. 오븐 팬에 유산지를 깔고 반죽을 넓게 펴 180℃에 구워 식힘망에 옮긴다.

B. 망고 패션 후르츠 무스

1. 냄비에 패션, 망고 퓌레를 넣고 끓인다.
2. 물에 불린 판젤라틴을 과정 (1)에 넣고 섞는다.
3. **이탈리안 머랭 만들기**
   냄비에 설탕, 물을 넣고 118℃까지 시럽을 끓인 후 흰자 머랭 (70%)에 조금씩 넣어 단단한 머랭을 만든다.
4. 과정 (2)에 과정 (3)을 적당량을 넣고 고루 섞는다.

C. 화이트 초콜릿 무스

1. 우유를 데워 물에 불린 판젤라틴을 넣어 준다.
2. 화이트 초콜릿을 중탕한다.
3. 과정 (1)을 과정 (2)에 부어 섞는다.
4. 생크림을 80% 정도 휘핑한 후 럼을 넣어 준다.

D. 딸기 무스

1. 냄비에 딸기 퓌레, 설탕을 넣고 끓인다.
2. 물에 불린 판젤라틴을 과정 (1)에 넣어 준다.
3. 생크림을 80% 정도 휘핑한 후 과정 (2)와 섞는다.

F. 마무리

시트 - 딸기 무스 - 시트 - 화이트무스 - 시트 - 망고. 패션 무스 순으로 채워 윗면을 평평히 마무리해서 냉동실에 굳힌다.

French Desserts and Baking

04
CHAPTER

초콜릿

01 >
초콜릿의 종류

쇼콜라 누아(chocolat noir)

다크 초콜릿. 초콜릿을 크게 분류하면 스위트 초콜릿과 비터 초콜릿으로 나눌수 있다.

쇼콜라 오 레(chocolat au lait)

밀크 초콜릿. 카카오 함량을 줄이고 분유, 설탕을 넣은 것이다.

쇼콜라 블랑(chocolat blanc)

화이트 초콜릿. 카카오 성분은 포함하지 않은 초콜릿이며 카카오 버터, 설탕, 유성분으로 제조된 초콜릿이다.

파트 드 카카오(pâte de cacao)

카카오 마스라고도 부른다. 카카오 원두를 으깨어 페이스트 상태로 만든 것으로 당분을 포함하지 않은 100% 천연 카카오이다.

뵈르 드 카카오(beurre de cacao)

카카오 버터. 카카오 마스를 프레스기에 돌려 분리시켰을 때 추출되는 카카오의 유지분 형태는 고체의 유지이지만 25℃ 정도에서 부드러워지기 시작하며 융점은 대략 30℃이다.

푸드르 드 카카오(poudre de cacao)

카카오 파우더. 카카오 마스를 프레스기에 돌려 분리시켜 유지분을 제거하고 남은 카카오의 고형분을 가루로 만든 것이다.

쇼콜라 드 쿠베르튀르(chocolat de couverture)

커버추어 초콜릿이다.

파트 아 글라세(다크코팅 초콜릿, pâte a glacer)

케이크 윗면에 씌우는 초콜릿. 유동성을 좋게 하기 위해 식물성 유지를 넣은 것으로 템퍼링을 하지 않고 사용한다.

02 >
초콜릿의 온도 조절 테크닉

TEMPERAGE DU CHOCOLAT
탕페라주 쇼콜라

초콜릿을 코팅하거나 틀에 넣어 굳히거나 하는 경우, 단지 녹이는 것만으로는 보기에는 윤기가 없고 입안에서 녹는 느낌이 좋지 않은 초콜릿이 된다. 여기에 필요한 것이 템퍼링(tempering) 작업이다. 초콜릿에 함유된 카카오 버터는 다른 성질을 가진 많은 분자들로 구성되어 있어 각각의 분자를 결정화시켜 안정성이 좋은 상태로 만들기 위한 작업이다.
템퍼링 온도는 초콜릿에 따라 다르다. 밀크 초콜릿이나 화이트 초콜릿에 함유된 유지방분은 초콜릿의 결정화를 억제하는 작용이 있어 다크 초콜릿보다 온도 설정을 낮게 한다.

템퍼링 온도

- 쇼콜라 누아(chocolat noir) 50℃ ↖ 27℃ ↗ 31~32℃
- 쇼콜라 오 레(chocolat au lait) 45℃ ↖ 25℃ ↗ 29~30℃
- 쇼콜라 블랑(chocolat blanc) 40 ℃ ↖ 24℃ ↗ 28~29℃

결정화를 시키는 이유 (템퍼링을 하는 이유)

1. 초콜릿 겉표면에 광택이 나고 입안에서 잘 녹게 하기 위해서이다.
2. 초콜릿을 몰드에 붓거나 가공한 경우 바로 굳어 작업성이 좋다.
3. 굳힌 초콜릿을 떼어낼 때 몰드에서 잘 떨어진다.

템퍼링 방법

■ 수냉법 과정

템퍼링 방법에 수냉법은 적은 양의 초콜릿을 템퍼링할 때 편하고, 대리석법은 1kg이상 대량의 초콜릿을 작업할 때 적합하다.

1. 70~80℃의 물이 담긴 볼 위에 초콜릿을 올려 55℃까지 중탕하여 녹인다.
2. 7~8℃의 차가운 물이 담긴 볼 위에 밑바닥이 굳지 않도록 실리콘주걱으로 저어 26~27℃까지 온도를 내린다.
3. 다시 따뜻한 물로 옮겨 초콜릿의 온도를 30~ 31℃까지 올린다.

■ 대리석법 과정

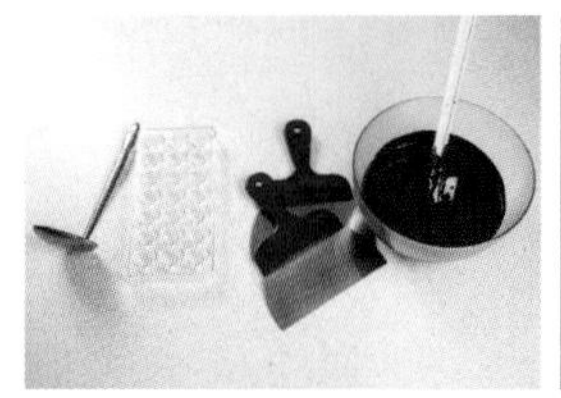

00 70~80℃의 물이 담긴 볼위에 초콜릿을 올려 55℃까지 중탕하여 녹인다.

녹인 초콜릿을 대리석에 부은 다음 L자 스패튤러나 초콜릿용 스크레퍼로 얇게 펴서 넓힌다.

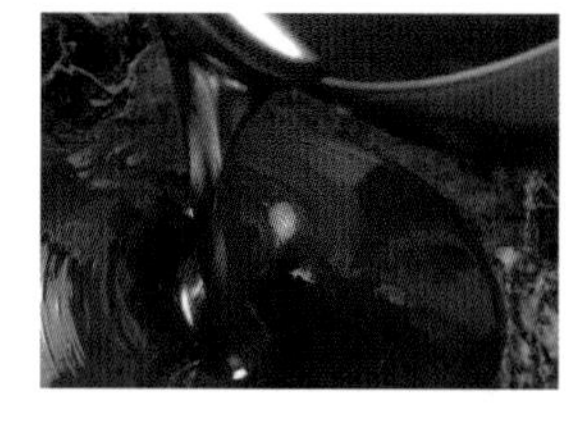

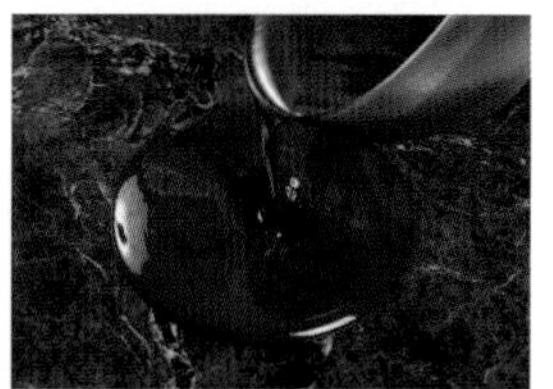

03 초콜릿을 스크레퍼로 문질러 바르듯이 긁어모으고 펴는작업을 반복해서 초콜릿 전체 온도를 26~28℃까지 내려준다. (엄지손가락 두 번째 마디로 테스트를 해서 차갑게 느껴지고 초콜릿이 되직한 상태)

04 온도 내린 초콜릿을 볼에 담아준 다음 다시 따뜻한 물로 옮겨 초콜릿의 온도를 30~32℃까지 올려 사용한다.

03 >
봉봉쇼콜라의 기초

Ganche, 가나슈

초콜릿과 생크림을 유화시킨 초코 크림이다.
불어로 '말의 아래턱'을 뜻하는데 버릇없는 말의 모습에서 '멍청이'라는 말로 파생되었다.

판 초콜릿만 생산되던 시대에 어느 날 초콜릿 공장에서 실습생 빠띠시에가 초콜릿 속에 실수로 생크림을 흘렸는데 그걸 본 주인이 '에스페스 두 가나슈'라고 소리 질렀다고 한다.
하지만 시간이 지나 주인이 맛을 보았는데 이것이 생각보다 부드럽고 맛이 있었던 것이다.

■ **가나슈 방법**

00

다크초콜릿 200g, 생크림(동물성) 150g

01

냄비에 생크림을 끓여
초콜릿에 부어준다.

02

거품기로 중심에서 가장자리순으로
천천히 섞어준다.

03

생크림의 분리 현상없이
윤기있는 가나슈를 완성한다

04 >
기본 몰딩법

01 초콜릿 몰드는 탈지 솜에 알코올을 묻혀 깨끗이 닦아 준비한다.

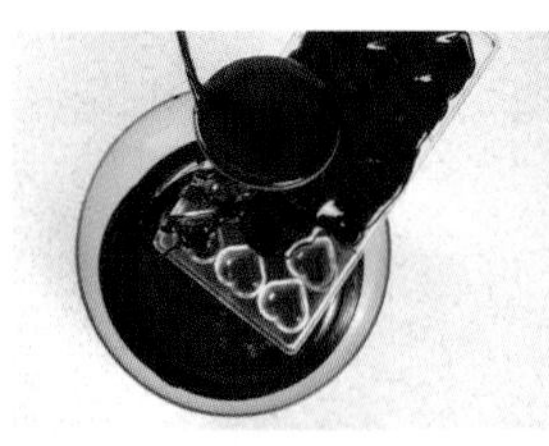
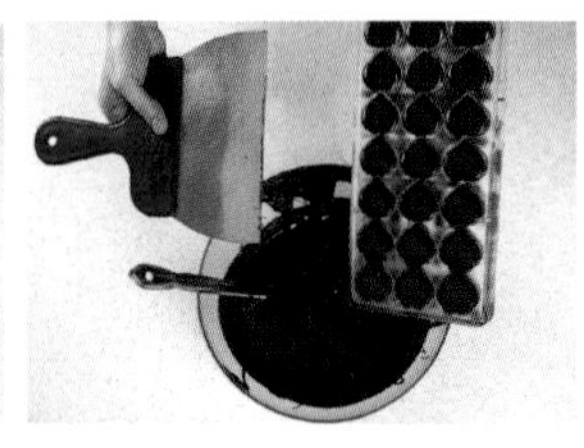

02 템퍼링한 다크 초콜릿(31~32℃)을 몰드에 1차 몰딩을 한다.

03 가나슈를 짤주머니에 넣어 쉘안에 80%정도 충전하여 굳힌다.

04

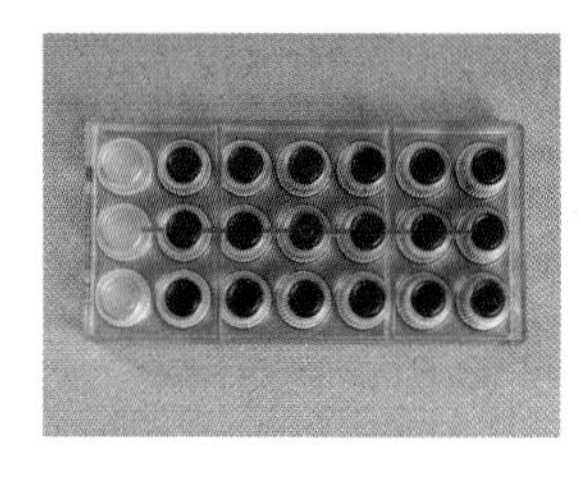
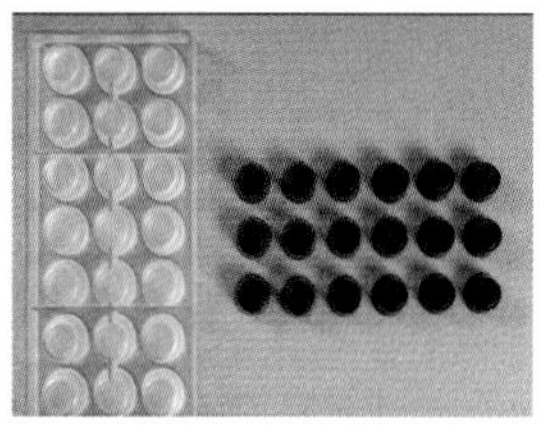

충전한 가나슈 윗면이 손에 묻어나지 않을 정도로 굳으면 된다. 템퍼링한 다크 초콜릿으로 2차 몰딩하여 마무리 한다.

05 >
기본 디핑법

디핑이란(dipping) 템퍼링한 초콜릿에 가나슈를 담구어 코팅하는 것
완성된 가나슈를 적당한 크기로 재단하여 템퍼링한 다크 초콜릿(31~32℃)에 초콜릿용 포크로 디핑한다.

■ 디핑 과정

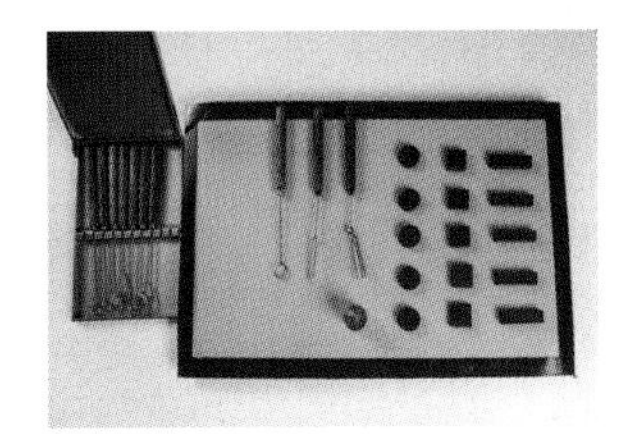

00 가나슈를 굳힌다음 적당한 크기로 재단한다.

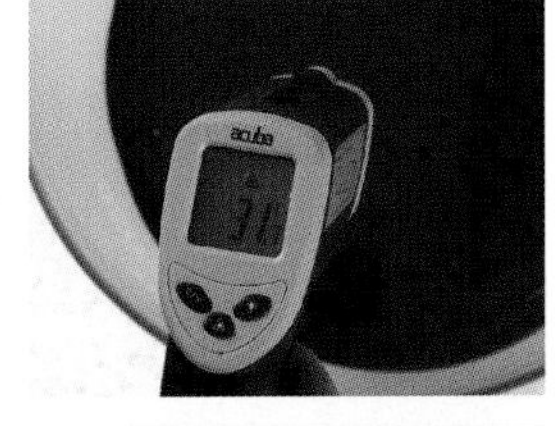

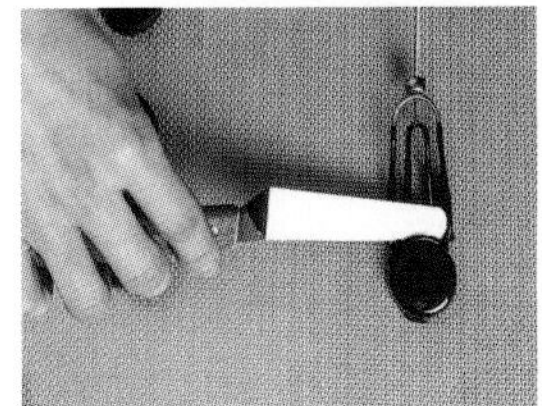

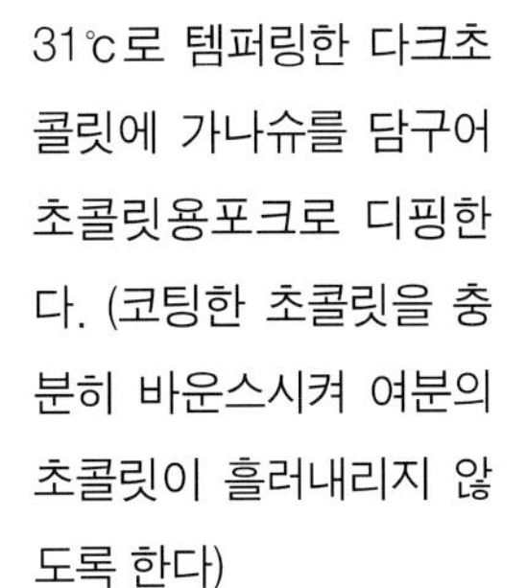

31℃로 템퍼링한 다크초콜릿에 가나슈를 담구어 초콜릿용포크로 디핑한다. (코팅한 초콜릿을 충분히 바운스시켜 여분의 초콜릿이 흘러내리지 않도록 한다)

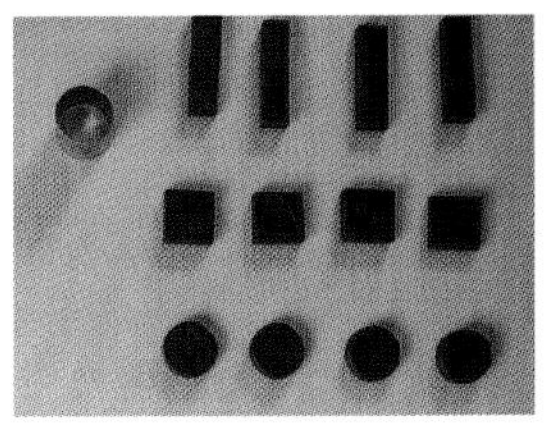

03

포크로 윗면을 줄무늬 모양이나 초콜릿용유산지, 견과류, 금박등으로 장식을 한다.

Ganache au Framboise

GANACHE AU FRAMBOISE_가나슈 오 프랑브와즈

RASPBERRY GANGCHE

산딸기 가나슈가 들어가는 몰드 초콜릿

A. Ganache au framboise

가나슈 오 프랑브와즈

산딸기 가나슈, Ganache

다크 초콜릿	100g
밀크 초콜릿	80g
트리몰린	20g
생크림	80g
산딸기 퓌레	100g
버터	20g
화이트 초콜릿	500g

A. 산딸기 가나슈 (91p 참고)

1. 냄비에 생크림, 산딸기 퓌레, 트리몰린을 넣고 90℃까지 끓인다.
2. 과정 (1)을 초콜릿(밀크, 다크) 볼에 부어 유화시킨다.
3. 과정 (2)에 버터를 넣고 분리되지 않게 섞어 준다.
4. 냉장고나 찬물 위에 올려 가나슈 온도를 28℃로 내려 페이스트 상태로 만든다.

B. 몰딩 (92p 참고)

1. 초콜릿 몰드에 카카오 버터와 초콜릿용 색소로 몰드에 에어브러시로 분사한다.
2. 템퍼링한 화이트 초콜릿(29℃)을 몰드에 1차 몰딩을 한다.
3. 가나슈를 짤주머니에 넣어 쉘 안에 80% 정도 충전하여 굳힌다.
4. 충전한 가나슈 윗면이 손에 묻어나지 않을 정도로 굳으면 된다.
5. 템퍼링한 화이트 초콜릿으로 2차 몰딩하여 마무리한다.

Ganache au Fruit
de la Passion

GANACHE AU FRUIT DE LA PASSION_가나슈 오 프뤼 드 라 빠시옹

PASSION GANACHE

패션 가나슈가 들어가는 몰드 초콜릿

A. Ganache au Fruit De La Passion

패션 가나슈

Ganache

생크림	80g
패션 퓌레	110g
글루코오스	20g
버터	20g
흰자	40g
설탕	50g
화이트 초콜릿	375g
화이트 초콜릿	500g

A. 패션 가나슈 (91p 참고)

1. 냄비에 생크림, 패션 퓌레, 글루코오스, 버터, 설탕(1/2)을 넣고 전체 재료가 용해될 때까지 끓인다.
2. 볼에 노른자, 설탕(1/2)을 넣고 거품기로 크림색이 될 때까지 섞는다.
3. 과정 (2)를 과정 (1)에 넣어 다시 한번 더 끓여 고운 체에 내린다.
4. 과정 (3)을 화이트 초콜릿에 유화시킨다.
5. 과정 (4)의 가나슈를 28℃까지 냉각시켜 페이스트 상태로 만든다.

B. 몰딩

1. 초콜릿 몰드에 카카오 버터와 초콜릿용 색소로 몰드에 에어브러시로 분사한다.

01

2. 템퍼링한 화이트 초콜릿(29℃)을 몰드에 1차 몰딩을 한다.

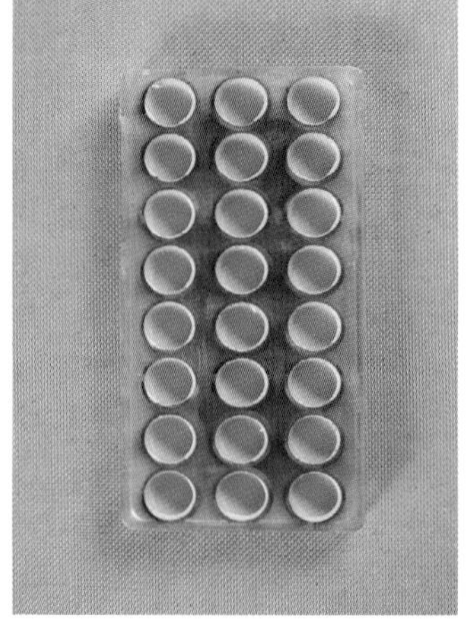

02

03

3. 가나슈를 짤주머니에 넣어 쉘 안에 80% 정도 충전하여 굳힌다.
4. 충전한 가나슈 윗면이 손에 묻어나지 않을 정도로 굳으면 된다.

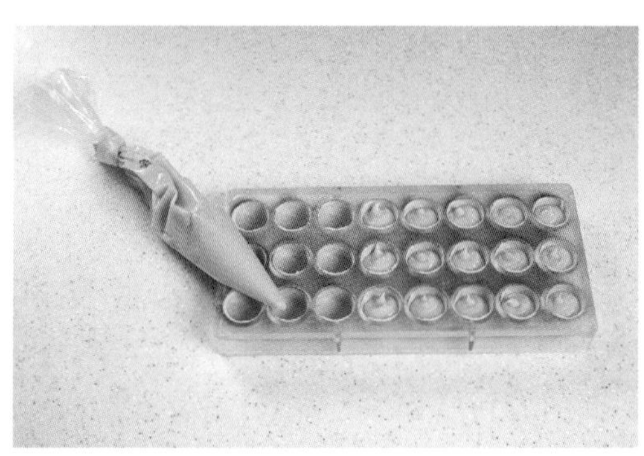

04

5. 템퍼링한 화이트 초콜릿으로 2차 몰딩하여 마무리한다.

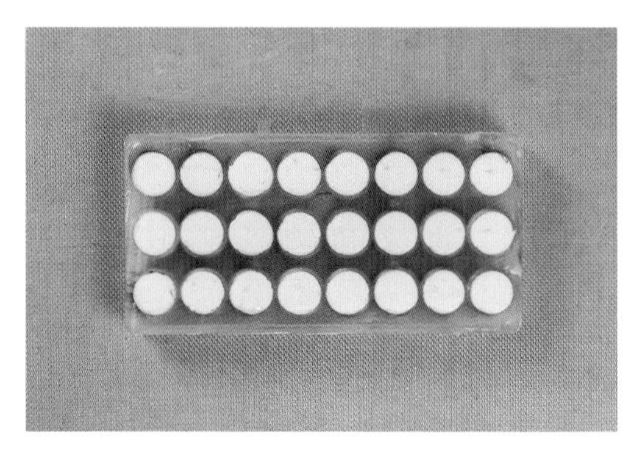

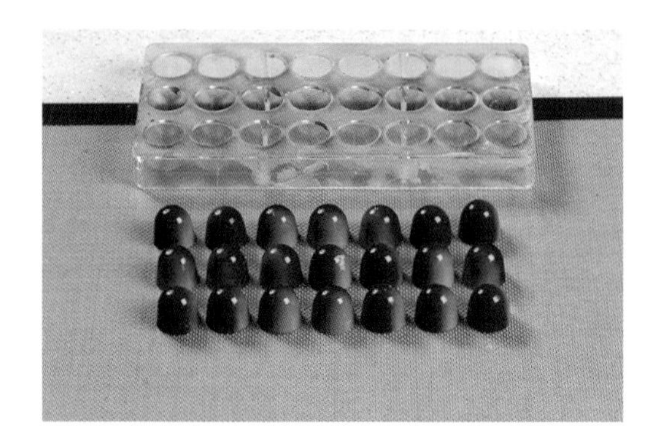

Praliné

PRALINÉ_프랄리네

PRALINE

프랄리네가 들어가는 디핑 초콜릿

A. Ganache

Ganache

밀크 초콜릿	120g
프랄리네	150g
다크 초콜릿	50g
다크 초콜릿(디핑용)	500g

A. 가나슈 (91p 참고)

1. 밀크 초콜릿, 다크 초콜릿을 중탕한다.
2. 중탕한 초콜릿에 프랄리네를 넣어 덩어리 없이 주걱으로 가볍게 섞어 준다.

01

3. 냉각 팬에 필름을 깔고 높이자를 가나슈 양에 맞추어 세팅한다.
4. 완성된 프랄리네를 부어 냉장고에 굳힌다.

B. 디핑

1. 완성된 가나슈를 원형 모양의 도구를 활용하여 찍어 완성한다.

02

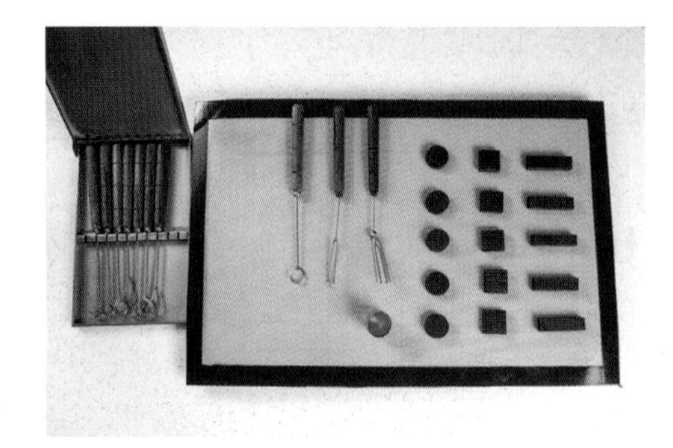

2. 템퍼링한 다크 초콜릿(31~32℃)에 초콜릿용 포크로 디핑한다.

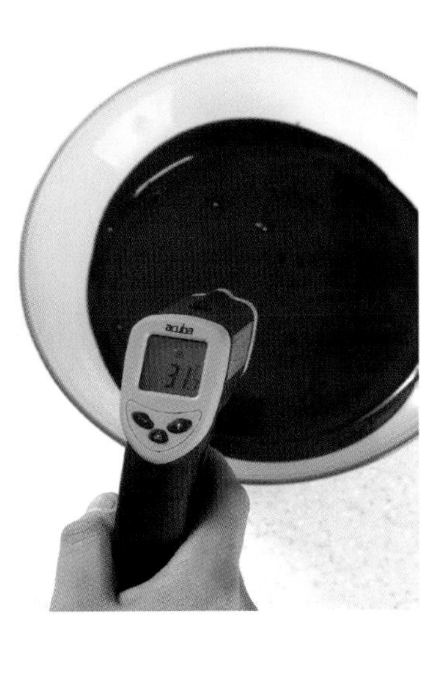

03

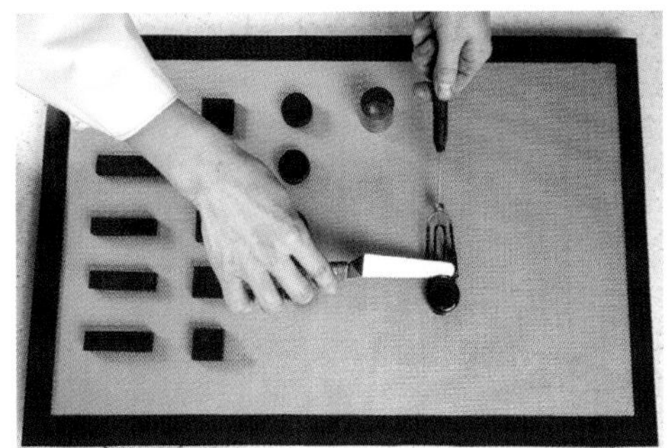

프랄리네

프랄랭(pralin)이라고도 한다. 헤이즐넛이나 통 아몬드를 캐러멜화를 시켜 분쇄기로 갈아 페이스트상태로 만든 것.
견과류의 향기로운 풍미와 캐러멜의 씁쓸한 맛이 있다. 충전물이나 크림에 넣어 혼합하여 사용하며, 장시간 두게 되면 표면에 기름이 뜨게 되므로 잘 섞은 후 사용한다.

PAVÉ CHOCOLATE_파베 쇼콜라

PAVE

파베는 프랑스어로 '포석'이라는 뜻으로 돌 모양의 생 초콜릿

A. Ganache

Ganache

다크 초콜릿 (카카오 함량 70%)	200g
생크림	150g
버터	20g
코코아 파우더	(적당량)

A. 가나슈 (91p 참고)

1. 냄비에 생크림을 넣고 가열한다.
2. 과정 (1)을 다크 초콜릿에 부어 유화시킨다.

01

02

3. 완전히 용해되면 버터를 넣어 가나슈를 완성한다. (28℃)
4. 냉각 팬에 필름을 깔고 높이자를 가나슈 양에 맞추어 세팅한다.

03

5. 완성된 프랄리네를 부어 냉장고에 굳힌다.

6. 완성된 가나슈를 정사각형(2.5×2.5) 크기로 재단한다.

04

7. 코코아 파우더에 과정 (6)을 묻힌다.

05

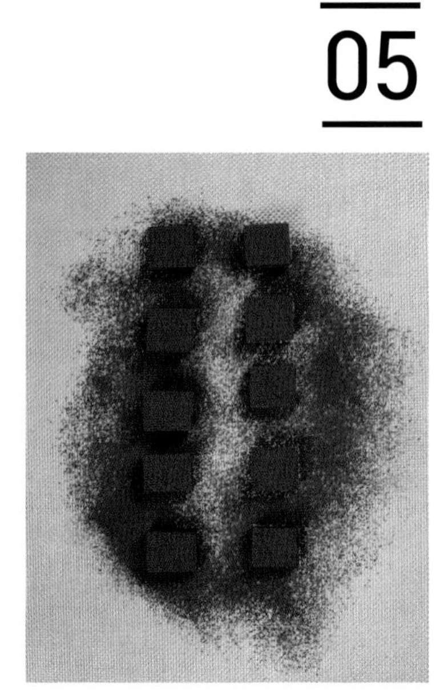

AMANDE CHOCOLATE_아망드 쇼콜라

AMANDE

통아몬드에 초콜릿을 코팅시켜 만든 아몬드 초콜릿

A. Ingredient

Ingredient

통아몬드	300g
설탕	90g
물	30mℓ
버터	20g
다크 초콜릿	500g
슈거 파우더	적당량
코코아 파우더	적당량

A. 아몬드 초콜릿

1. 아몬드를 180℃에 10분 정도 로스팅하여 냉각시킨다.
2. 냄비에 설탕, 물을 넣고 118℃까지 가열한다.
3. 시럽이 118℃가 되면 아몬드를 넣고 재빨리 뒤적인다.
4. 냄비를 불에서 내려 설탕이 아몬드에 하얗게 묻어나도록 충분히 섞는다. (설탕이 하얗게 굳으면 다시 중간 불에 올려 캐러멜색이 나도록 아래위를 고루 뒤적이면서 볶는다.)

01

5. 과정 (4)를 불에서 내려, 버터를 넣고 섞은 후 실리콘 페이퍼를 깐 냉각 팬에 부어 식힌다.
6. 과정 (5)를 넓은 볼에 담고 템퍼링한 초콜릿(31~32℃)을 조금씩 넣으면서 나무주걱으로 섞어준다.

02

7. 초콜릿이 밀착되면서 코팅이 되면 나머지 초콜릿을 모두 붓고 뭉치지 않게 흐트려 가며 고루 섞는다.

03

8. 과정 (8)을 체 친 슈거 파우더, 코코아 파우더에 묻힌 후 털어 낸다.

Rochers Croustillants

ROCHERS CROUSTILLANTS_로쉐 크루스티앙

ROCHERS CROUSTILLANTS

견과류를 캐러멜화시켜 바위 모양으로 만든 디핑 초콜릿

A. Ingredient

Ingredient

칼아몬드	200g
설탕	80g
물	30g
버터	20g
오렌지 필	50g
다크 초콜릿	200g
화이트 초콜릿	200g

A. 로쉐 크루스티앙

1. 아몬드를 180℃에 10분 정도 로스팅하여 냉각시킨다.
2. 냄비에 설탕, 물을 넣고 118℃까지 가열한다.
3. 시럽이 118℃가 되면 아몬드를 넣고 재빨리 뒤적인다.
4. 냄비를 불에서 내려 설탕이 아몬드에 하얗게 묻어나도록 충분히 섞는다.
   (설탕이 하얗게 굳으면 다시 중간 불에 올려 캐러멜색이 나도록 아래위를 고루 뒤적이면서 볶는다.)

01

5. 과정 (4)를 불에서 내려, 버터를 넣고 섞은 후 실리콘 페이퍼를 깐 냉각 팬에 부어 식힌다.
6. 과정 (5)를 템퍼링한 다크 초콜릿(31℃)를 넣어 섞어 준다.
7. 과정 (6)을 스푼으로 떠서 유산지 종이에 넣어 그대로 실온에 굳힌다.

02

Rochers

ROCHERS_로쉐

ROCHERS

로쉐는 '바위'라는 뜻으로 울퉁불퉁한 볼 모양으로 만든 디핑 초콜릿

A. Ingredient

Ingredient

다크 초콜릿	100g
밀크 초콜릿	50g
프라리네	150g
아몬드 분태	50g
밀크 초콜릿	500g
아몬드 분태	80g

A. 로쉐

1. 아몬드 분태를 로스팅해서 냉각시켜 준비한다.
2. 다크, 밀크 초콜릿을 중탕한 후 프랄리네, 아몬드 분태를 넣어 덩어리가 없도록 잘 섞어준다.
3. 준비해 둔 원형 쉘 안에 90% 정도 가나슈를 채운 다음, 냉장고에 굳힌다.

01

02

4. 밀크 초콜릿(29℃) 500g에 로스팅한 아몬드 분태를 넣고 섞는다.

03

5. 과정 (5)를 과정 (6)에 담구어 원형 초콜릿용 포크로 디핑한다.

Ganache au Café

GANACHE AU CAFÉ_가나슈 오 카페

COFFEE GANACHE

커피 가나슈가 들어간 몰드 초콜릿

A. Ingredient

Ingredient

다크 초콜릿	200g
인스턴트커피	20g
생크림	200g
물엿	50g
버터	20g
깔루아	10g

A. 가나슈 오 카페 (91p 참고)

1. 냄비에 생크림, 물엿, 커피를 넣고 가열한다.
2. 다크 초콜릿에 (1)을 부어 유화시킨다.
3. 과정 (2)의 가나슈에 버터와 깔루아를 넣고 섞는다.
4. 가나슈를 28℃까지 냉각시켜 페이스트 상태로 만든다.

B. 몰딩 (92p 참고)

1. 템퍼링한 다크 초콜릿(31~32℃)을 몰드에 몰딩하여 쉘을 만든다.
2. 완성된 가나슈를 모양깍지를 낀 짤주머니에 넣어 쉘 안에 80% 충전한다.
3. 충전한 가나슈 윗면이 손에 묻어나지 않을 정도로 굳으면 된다.
4. 템퍼링한 다크 초콜릿으로 2차 몰딩하여 마무리한다.

MENDIANTS_망디앙

MENDIANTS

A. Ingredient

Ingredient

다크 초콜릿, 통 헤이즐럿
크렌베리, 통아몬드

A. 망디앙

1. 다크 초콜릿을 템퍼링하여 팬 위에 일정한 크기로 짠다.
2. 과정 (1)이 굳기 전에 준비한 재료들을 모양 있게 올린다.

※ 토핑용 재료는 여러 가지로 사용할 수 있다.

4개의 탁발 수도회 오르드르 망디앙 옷의 색(도미니크회의 흰색, 프란체스코회의 회색, 가르멜회의 다갈색, 아우구스티누스회의 진보라색)을 본떠 아몬드, 말린 무화과, 헤이즐넛, 건포도의 4종으로 장식한 초콜릿이다. 실제로는 이 4종 외에 여러 가지 건조 과일이나 견과류를 색을 맞춰서 사용한다.

Ganache Pistache

GANACHE PISTACHE_가나슈 피스타쉬

PISTACHE GANACHE

피스타치오페이스트가 들어가는 몰드 초콜릿

A. Ganache

Ganache

생크림	150g
설탕	40g
버터	10g
피스타치오 페이스트	50g
화이트 초콜릿	200g
글루코오스	30g
화이트 초콜릿	500g

A. 가나슈 (91p 참고)

1. 냄비에 생크림, 설탕을 넣고 끓인다.
2. 과정 (1)을 화이트 초콜릿에 부어 유화시킨다.
3. 과정 (2)에 피스타치오 페이스트, 글루코오스, 버터를 넣고 섞는다.
4. 28℃까지 냉각시켜 페이스트 상태로 완성한다.

B. 몰딩 (92p 참고)

1. 템퍼링한 화이트 초콜릿을 몰드에 1차 몰딩을 한다.
2. 완성된 가나슈를 짤주머니에 넣어 쉘 안에 80% 정도 충전하여 굳힌다.
3. 충전한 가나슈 윗면이 손에 묻어나지 않을 정도로 굳으면 된다.
4. 템퍼링한 화이트 초콜릿으로 2차 몰딩하여 마무리한다.

Ganache Orange

GANACHE ORANGE_가나슈 오랑쥬

ORANGE GANACHE

오렌지 청과 그랑마니에가 들어가는 오렌지 맛의 몰드 초콜릿

A. Ganache

Ganache

생크림	120g
꿀	30g
오렌지 청	50g
그랑 마니에르	20g
다크 초콜릿	220g

A. 가나슈 (91p 참고)

1. 냄비에 오렌지 청, 생크림, 꿀을 넣고 끓인다.
2. 과정 (1)을 체에 걸러준다.
3. 과정 (2)를 다크 초콜릿에 부어 유화시킨다.
4. 과정 (3)에 그랑 마니에르를 넣고 혼합한다.
5. 28℃까지 냉각시켜 페이스트 상태로 완성한다.

B. 몰딩 (92p 참고)

1. 템퍼링한 다크 초콜릿을 몰드에 1차 몰딩을 한다.
2. 완성된 가나슈를 짤주머니에 넣어 쉘 안에 80% 정도 충전하여 굳힌다.
3. 충전한 가나슈 윗면이 손에 묻어나지 않을 정도로 굳으면 된다.
4. 템퍼링한 다크 초콜릿으로 2차 몰딩하여 마무리한다.

Ganache au Thé

GANACHE AU THÉ_가나슈 오 테

TEA GANACHE

얼그레이 맛이 나는 디핑 초콜릿

A. Ganache

Ganache

얼그레이	10g
생크림	260g
다크 초콜릿	200g
버터	50g
꿀	40g

A. 가나슈 (91p 참고)

1. 냄비에 생크림, 얼그레이를 넣고 끓인다.
2. 과정 (1)을 체에 걸러 준다.
3. 과정 (2)를 다크 초콜릿에 부어 유화시킨다.
4. 과정 (3)에 버터, 꿀을 넣고 혼합한다.
5. 냉각 팬에 필름을 깔고 높이자를 적당한 크기로 놓아 준다.
6. 과정 (5)에 과정 (4)를 부어 냉장고에 굳힌다.
7. 직사각형 크기로 잘라 준다.
8. 템퍼링한 다크 초콜릿에 디핑한다.

01

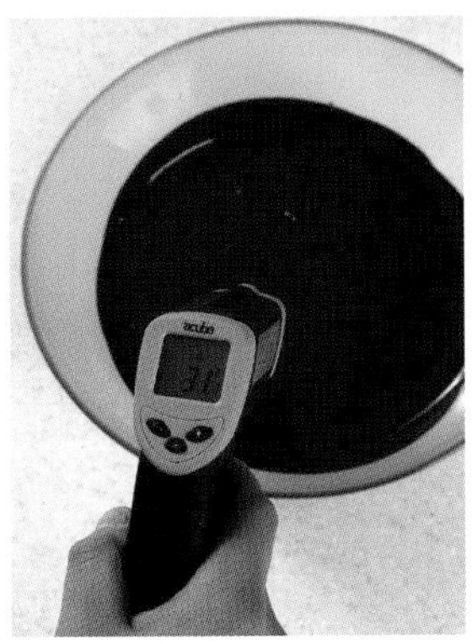

9. 완성된 초콜릿을 금박으로 싸서 마무리한다.

French Desserts and Baking

05
CHAPTER

타르트

TARTE LÉGÈRE AU CITRON_타르트 레제르 오 시트롱

LEMON TART

부드러운 레몬타르트

A. Pâte Sablée Aux Amandes

파트 사블레 오자망드

Almond Shortbread Pastry

박력분	500g
슈거 파우더	190g
아몬드 파우더	60g
버터	300g
바닐라	2개(?)
달걀	2개

B. Crème Citron

크렘 시트롱

Lemon Cream

레몬즙	190g
달걀	3개
설탕	100g
버터	52g
젤라틴	2장

C. Crème Légère Au Citron

크렘 레제르 오 시트롱

Light Lemon Cream

생크림	250g
레몬 크림	150g

A. 아몬드 사블레

1. 박력분, 슈거 파우더, 아몬드 파우더는 각각 체 쳐 한 볼에 섞는다.
2. 과정 (1)에 차가운 버터를 넣고 스크래퍼로 잘게 다져 바슬바슬한 상태로 한다.
3. 과정 (2)에 달걀을 넣고 한 덩어리가 되도록 반죽한다.
4. 과정 (2)를 비닐에 싸서 냉장고에 20~30분 정도 휴지시킨다.

01

5. 반죽을 밀어 펴서 적당한 틀에 성형한 후 180℃에 구워 준다.
6. 180℃에 15~20분 정도 구워 식힘망에 옮긴다.

B. 레몬 크림

1. 레몬즙과 설탕 1/2을 가열한다.
2. 노른자, 달걀, 설탕 1/2을 넣고 거품기로 연한 크림색이 될 때까지 저어 준다.
3. 과정 (2)에 과정 (1)을 절반 넣고 재빨리 섞는다.
4. 냄비에 과정 (3)과 남은 과정 (1)을 넣고 가열하며 빠르게 저어 준다. (크림 상태)
5. 과정 (4)가 걸쭉해지면 불에서 내려 부드러운 버터, 물에 불린 젤라틴을 넣고 거품기로 젓는다.
6. 냉각 팬에 부어준 후 냉각시킨다.

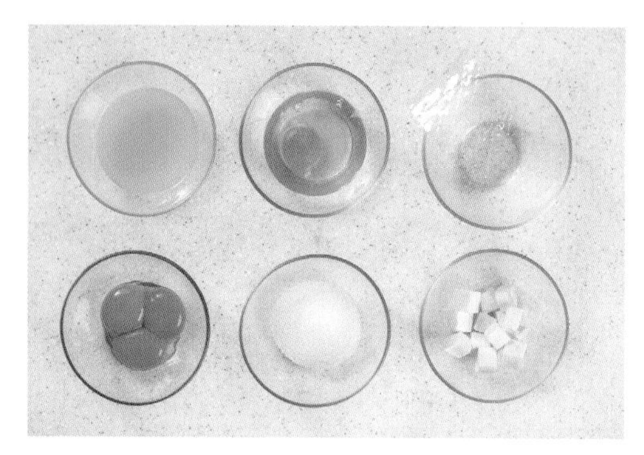

02

C. 부드러운 레몬 크림

레몬 크림을 거품기로 부드럽게 풀어준 후 휘핑한 생크림 (80%)과 혼합한다.

D. 마무리 (20p 참고)

1. 타르트 쉘에 레몬 크림을 채운다.
2. 윗면은 이탈리안 머랭으로 짜준 후 토치로 마무리한다.

03

TARTELETTES CHOCOLAT-NOIX_타르틀레트 쇼콜라 누와

WALNUT FILLED CHOCOLATE TARTLETS

호두를 캐러멜화시켜 만든 미니 타르트

A. Sablé Chocolat

사블레 쇼콜라

Chocolate Shortbread Pastry

박력분	500g
코코아 파우더	40g
버터(부드러운 상태)	350g
슈거 파우더	250g
달걀	1개

B. Masse Caramel-Noix

마스 캐러멜 누아(캐러멜 호두필링)

Caramel-Walnut Filling

글루코오스	75g
설탕	300g
생크림	250g
버터	50g
호두 분태	250g(로스팅)
피스타치오	적당량

A. 초코 사블레 (13p 참고)

1. 박력분, 슈거 파우더, 코코아 파우더는 각각 체 쳐 한 볼에 섞는다.
2. 과정 (1)에 차가운 버터를 넣고 스크래퍼로 잘게 다져 바슬바슬한 상태로 한다.
3. 과정 (2)에 달걀을 넣고 한 덩어리가 되도록 반죽한다.
4. 과정 (2)를 비닐에 싸서 냉장고에 20~30분 정도 휴지시킨다.
5. 반죽을 밀어 펴서 적당한 틀에 성형한 후 180℃에 구워 준다.
6. 180℃에 구워 식힘망에 옮긴다.

01

B. 호두 캐러멜 필링

1. 냄비에 설탕, 물엿을 넣고 캐러멜화시킨다.
2. 80℃까지 데운 생크림을 과정 (1)에 부어 캐러멜색이 날 때까지 끓여 준다.
3. 과정 (2)에 호두 분태를 넣고 섞는다.
4. 과정 (3)에 버터를 넣어 준다.

C. 마무리

타르트 쉘에 호두 충전물(B)을 채워 마무리한다.

Tarte Chocolat-Praliné

TARTE CHOCOLAT-PRALINÉ_타르트 쇼콜라 프랄리네

CHOCOLATE-PRALINE TART

프랄리네 초콜릿 가나슈를 채운 타르트

A. Sablé Chocolat
사블레 쇼콜라
Chocolate Shortbread Pastry

박력분	500g
코코아 파우더	40g
버터(부드러운 상태)	350g
슈거 파우더	250g
달걀	1개

B. Crème Chocolat-Praliné
크렘 쇼콜라 프랄리네
Chocolate-Praline Cream

생크림	350g
프랄리네	50g
다크 초콜릿	350g
버터	80g

C. GlaÇage
글라사주
Glaze

다크 초콜릿	125g
글루코오스	60g
물	60ml

A. 초코 사블레 (13p 참고)

1. 박력분, 슈거 파우더, 아몬드 파우더는 각각체 쳐 한 볼에 섞는다.
2. 과정 (1)에 차가운 버터를 넣고 스크래퍼로 잘게 다져 바슬바슬한 상태로 한다.
3. 과정 (2)에 달걀을 넣고 한 덩어리가 되도록 반죽한다.
3. 과정 (2)를 비닐에 싸서 냉장고에 20~30분 정도 휴지시킨다.
   반죽을 밀어 펴서 적당한 틀에 성형한 후 180℃에 구워 준다.
4. 반죽을 밀대로 밀어 펴서 적당한 틀에 넣어 180℃에 구워 준다.

B. 초콜릿 프랄리네 크림

1. 냄비에 생크림을 끓인다.
2. 과정 (1)을 다크 초콜릿에 부어 준다.
3. 과정 (2)에 프랄리네, 버터를 넣고 덩어리 없이 섞는다.

01

02

C. 글라사주

1. 냄비에 다크 초콜릿, 물, 글루코오스를 넣고 끓인다.

D. 마무리

1. 타르트 쉘에 초콜릿 프랄리네 크림을 80% 정도 채워 냉장고에 굳힌다.

03

2. 과정 (1) 위에 글레이즈를 부어 굳힌다.
3. 과정 (2)의 윗면이 완전히 굳으면 장식한다.

Tarte Fraises

TARTE FRAISES_타르트 프레즈

STRAWBERRY TART

딸기 타르트 - 생 딸기와 커스터드 크림으로 채운 타르트

A. Pâte Sablée Aux Amandes

파트 사블레 오자망드

Almond Shortbread Pastry

박력분	500g
슈거 파우더	190g
아몬드 파우더	60g
버터	300g
바닐라	(소량)
달걀	2개

B. Crème D'amandes

크렘 다망드

Almond Cream

버터	120g
설탕	120g
달걀	2개
아몬드 파우더	120g
키르쉬	20g
바닐라 빈	1/2개

C. Crème Pâtissiere

크렘 파티시에르

Pastry Cream

우유	500g
설탕	125g
노른자	3개
박력분	25g
콘스타치	25g
바닐라 빈	1개

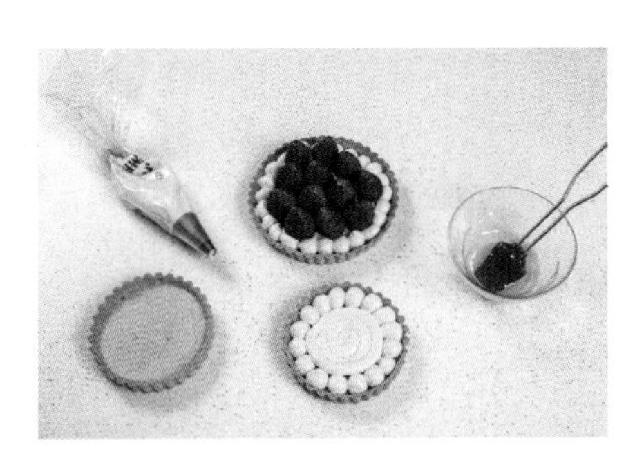

A. 아몬드 사블레

1. 박력분, 슈거 파우더, 아몬드 파우더는 각각 체 쳐 한 볼에 섞는다.
2. 과정 (1)에 차가운 버터를 넣고 스크래퍼로 잘게 다져 바슬바슬한 상태로 한다.
3. 과정 (2)에 달걀을 넣고 한 덩어리가 되도록 반죽한다.
4. 과정 (2)를 비닐에 싸서 냉장고에 20~30분 정도 휴지시킨다.
5. 반죽을 밀어 펴서 적당한 틀에 성형한 후 180℃에 구워 준다.

B. 아몬드 크림 (16p 참고)

1. 버터를 크림화시킨다.
2. 과정 (1)에 설탕을 넣고 섞는다.
3. 과정 (2)에 달걀을 넣고 거품기로 섞는다.
4. 과정 (3)에 아몬드 파우더, 키르쉬를 넣고 혼합한다.

C. 커스타드 크림 (17p 참고)

1. 냄비에 우유, 설탕(1/2), 바닐라 빈 씨를 긁어 넣고 끓인다.
2. 볼에 노른자, 설탕을 넣고 연한 크림색을 만든다.
3. 과정 (2)에 체친 박력분, 콘스타치를 넣어 섞는다.
3. 과정 (1)을 과정 (3)에 부어준 후 다시 한번 걸쭉한 상태로 끓여 냉각시킨다.

D. 마무리

1. 타르트 반죽을 밀어 펴서 틀에 성형한다.
2. 안쪽에 아몬드 크림을 짜준다.
3. 180℃에 넣어 구워 준다.
4. 과정 (3)에 크렘 파트시에르를 80% 정도 채운다.
5. 딸기를 적당히 올린 후 미루아르로 마무리한다.

01

TARTE AUX POMMES_타르트 오 폼

CLASSIC FRENCH APPLE TART

정통 프랑스 사과 타르트

A. Pâte Brisée Sucrée

파트 브리제 슈크레

weet Short Pastry

박력분	200g
버터	100g
소금	4g
설탕	20g
물	5ml
달걀	1개
바닐라	

B. Marmelade De Pommes

마멀레이드 드 폼

Apple Filling

사과	3개
버터	30g
설탕	30g
물	30ml
레몬즙	소량
바닐라	
시나몬	

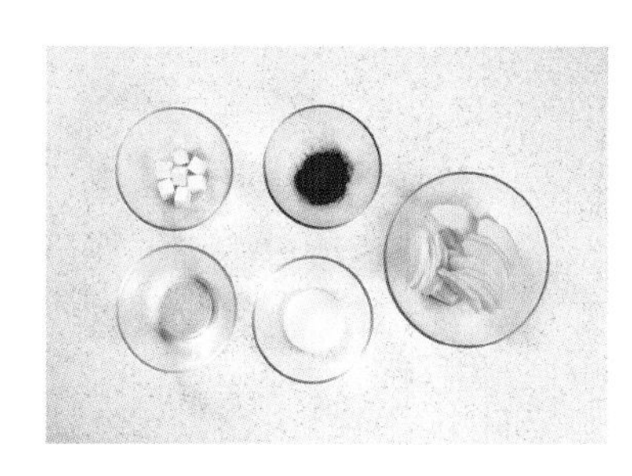

A. 슈크레 반죽

1. 박력분에 버터를 넣고 스크래퍼로 잘게 다져 바슬바슬한 상태로 만든다.
2. 소금, 설탕, 바닐라를 넣고 섞는다.
3. 과정 (2)에 달걀을 넣고 한 덩어리가 되도록 가볍게 반죽한다.
4. 과정 (2)를 비닐에 싸서 냉장고에 20~30분 정도 휴지시킨다.
5. 반죽을 밀어 펴서 적당한 틀에 성형한 후 180℃에 구워 준다.

B. 애플 필링

1. 사과는 껍질을 제거하여 8등분으로 모양 있게 자른다.
2. 달구어진 팬에 버터를 넣고 사과를 연한 갈색이 나도록 볶아 준다.
3. 과정 (2)에 설탕을 넣고 물, 레몬즙, 바닐라, 시나먼을 넣고 가열한다.
4. 넓은 팬에 옮겨 냉각시킨다.

C. 마무리

타르트 쉘 안에 사과 필링으로 윗면을 마무리한 다음 초콜릿 장식물이나 건조시킨 로즈메리로 데코한다.

01

Tarte Abricot

TARTE ABRICOT_타르트 아브리코

ABRICOT TARTE

살구 가나슈를 채운 타르트

A.Sablé Chocolat
사블레 쇼콜라
Sweet Pastry Dough

박력분	500g
코코아 파우더	40g
버터(부드러운 상태)	350g
슈거 파우더	250g
달걀	1개

B. Apareil Tarte Chocolat
아파레이 타르트 쇼콜라
Chocolate Tart Filling

다크 초콜릿	150g
버터	130g
설탕	150g
달걀	3개
키르쉬	2ts

C. Ganache Abricot
가나슈 아브리코
Apricot Ganache

생크림	50g
아브리코 퓌레	200g
글루코오스	75g
다크 초콜릿	225g
밀크 초콜릿	125g
버터	65g
키르쉬	7ts

A. 초코 사블레 (13p 참고)

1. 박력분, 코코아 파우더, 슈거 파우더를 체 친다.
2. 과정 (1)에 버터를 넣고 바슬바슬한 상태로 만든다.
3. 과정 (2)에 달걀을 넣고 한 덩어리 상태로 만든 후 냉장고에 20분 정도 휴지시킨다.
4. 반죽을 밀대로 밀어 펴서 적당한 틀에 넣어 180℃에 구워 준다.

B. 초콜릿 타르트필링

1. 볼에 달걀, 설탕을 넣고 거품기로 섞는다.
2. 다크 초콜릿, 버터는 각각 중탕하여 혼합한다.
3. 과정 (1), 과정 (2), 키르쉬를 넣고 섞는다.
4. 타르트 반죽 안에 필링을 채워 굽는다.

C. 살구 가나슈 (91p 참고)

1. 냄비에 생크림, 아브리코 퓌레, 글루코오스를 넣고 끓인다.
2. 과정 (1)을 초콜릿(다크, 밀크)에 부어 섞는다.
3. 과정 (2)에 버터, 키르쉬를 넣고 덩어리 없이 섞는다.
4. 과정 (3)이 28℃까지 냉각시켜 거품기로 부드럽게 풀어 크림 상태로 한다.

01

D. 마무리

1. 반죽을 밀대로 밀어 펴서 적당한 틀에 넣어 성형한다.
2. 초콜릿 필링 (B)를 1/2 정도 채워 180℃에 20분 정도 구워 식힘망에 옮긴다.
3. 아브리코 가나슈 (C)를 과정 (2) 위에 짜준 다음 초콜릿 장식물로 데코한다.

02

TARTE POIRE-CARAMEL_타르트 푸아르 캐러멜

CARAMEL CUSTARD AND PEAR TART

캐러멜 커스터드 배 타르트

A. Pâte Sablée aux amandes

파트 사블레 오자망드

Almond shortbread pastry

박력분	500g
슈거 파우더	190g
아몬드 파우더	60g
버터	300g
달걀	2개
소금	적당량
바닐라 빈	

B. Flan caramel

플랑 카라멜

Caramel custard

설탕(캐러멜)	150g
생크림	250g
버터	10g
노른자	3개
설탕	30g
콘스타치	50g
우유	250g
바닐라 파우더	

C. Montage(Assembly)

몽타주(조합)

타르트 쉘	
플랑 캐러멜	
서양 배 통조림	1kg

D. Décor (Decoration)

식용 꽃, 애플민트

A. 아몬드 사블레

1. 박력분, 슈거 파우더, 아몬드 파우더는 각각 체 쳐 한 볼에 섞는다.
2. 과정 (1)에 차가운 버터를 넣고 스크래퍼로 잘게 다져 바슬바슬한 상태로 한다.
3. 과정 (2)에 달걀을 넣고 한 덩어리가 되도록 반죽한다.
4. 과정 (2)를 비닐에 싸서 냉장고에 20~30분 정도 휴지시킨다.
5. 반죽을 밀어 펴서 적당한 틀에 성형한 후 180℃에 구워 준다.

B. 캐러멜 커스타드 (17p 참고)

1. 팬에 설탕 1/2을 부어 캐러멜화를 시키면서 나머지 설탕을 조금씩 넣어 진한 갈색으로 완성시킨다.
2. 냄비에 우유를 넣고 가열한다.
3. (1)의 캐러멜에 생크림을 조금씩 넣으면서 거품기로 저어 준다.
4. 크렘빠띠시에르 (커스터드 크림 제조)
   볼에 달걀, 설탕(30g)을 넣고 거품기로 연한 크림색이 될 때까지 저어준 다음 콘스타치를 넣고 섞어 준다.
5. (4)와 (2)의 가열한 우유를 거품기로 섞은 후 크림 상태가 되면 버터를 조금씩 넣어 준다.

C. 조합

1. 타르트 쉘 안에 캐러멜 커스터드 크림을 채우고 서양 배를 올린 다음, 식용 꽃으로 마무리한다.

06
CHAPTER

파운드

French Desserts and Baking

Gâteau Marbré

GÂTEAU MARBRÉ_갸또 마블레

MARBLED POUND CAKE

카카오 반죽과 피스타치오 반죽을 마블 모양으로 만든 파운드 케이크

A. Pâte

파트 Cake Batter

버터	125g
설탕	180g
달걀	3개
박력분	300g
베이킹 파우더	10g
바닐라	2g

B. Pour Le Marbrage

푸르 르 마블라주

For The Marvle Effect

[Chocolat Dough]

코코아 파우더	30g
우유	60ml

[Pistache Dough]

피스타치오 페이스트	50g
우유	40ml

A. 버터 케이크

1. 믹싱볼에 버터를 넣고 거품기로 부드럽게 풀어 준다.
2. 과정 (1)에 설탕을 넣고 섞는다.
3. 과정 (2)에 달걀을 1개씩 넣고 크림화시킨다.
4. 과정 (3)에 체친 박력분, 베이킹파우더를 넣고 주걱으로 가볍게 섞는다.

B. 마블 반죽

1. 코코아 파우더에 우유를 넣고 거품기로 덩어리 없이 풀어 준다.
2. 피스타치오 페이스트에 우유를 넣고 거품기로 덩어리 없이 풀어 준다.
3. 반죽 (A)를 1/2씩 나누어 각각 볼에 담는다.
4. 과정 (3)에 과정 (1), (2)를 넣어 혼합하여 두 가지 반죽을 완성한다.

C. 마무리

1. 직사각형 파운드틀에 종이를 재단하여 준비한다.
2. 두 가지 반죽을 지그재그로 팬에 80% 정도 담는다.
3. 과정 (2)를 젓가락으로 마블 무늬가 나도록 섞는다.
4. 170℃에 30~40분 정도 구워 식힘망에 옮긴다.

WEEK-END_위크앤드

LEMON POUND CAKE)

프랑스의 대표적인 레몬 파운드 케이크로 한 주간의 피로를 풀어 준다는 뜻으로 '위크앤드'라는 명칭이 붙여졌다.

A. Pâte
파트

Cake Batter

달걀	6개
설탕	340g
박력분	340g
버터(중탕)	340g
바닐라	
레몬제스트	

B. Glaçage Citron
글라사주 시트롱

Lemon Glaze

슈거 파우더, 레몬즙, 물

C. Finition
Finish

살구 나파주
레몬 글레이즈(아이싱)

A. 버터 케이크

1. 달걀과 설탕을 거품기로 잘 섞는다
2. 박력분, 바닐라, 레몬제스트를 넣고 잘 섞는다.
3. 과정 (2)에 녹인 버터를 넣고 반죽한다.
4. 짤주머니에 반죽을 담은 후 버터를 바른 팬에 팬닝한다.
5. 윗불170℃ 아랫불 160℃에서 구워 준다.

B. 레몬 글레이즈

1. 슈거 파우더를 볼에 넣고 레몬즙을 조금씩 넣으며 거품기로 섞는다.

C. 마무리

레몬 글레이즈를 케이크 윗면에 바른 후 오렌지 필로 장식한다.

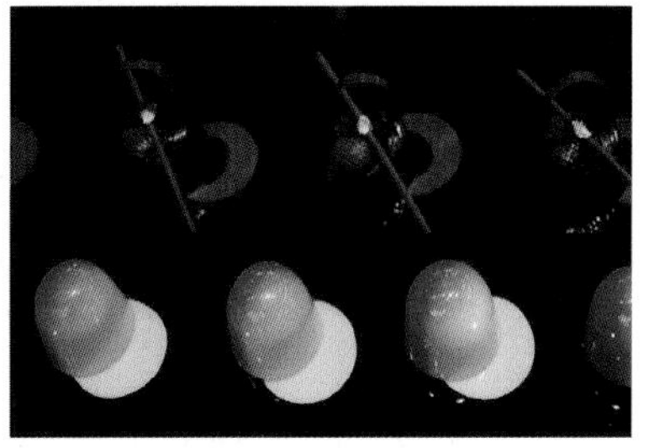

Écossais

ÉCOSSAIS_에코세이

SCOTTISH

초코 반죽과 바닐라 반죽으로 만든 케이크

A. Appareil Chocolat

아파레이 쇼콜라

Chocolate Mixture

흰자	172g
설탕(a)	107g
아몬드 파우더	172g
설탕(b)	77g
코코아 파우더	25g
박력분	35g

B. Appareil Vanillé

아파레이 바닐라

Vanilla Mixture

버터(중탕)	240g
슈거 파우더	240g
아몬드 파우더	240g
럼	50ml
달걀	290g
박력분	50g
바닐라 빈	1개

A. 초코 반죽

1. 흰자에 설탕 (a)를 넣고 머랭을 올려 준다.
2. 코코아 파우더, 박력분, 아몬드 파우더, 설탕 (b)를 넣고 섞어 준다.
3. 과정 (1)에 과정 (2)를 조금씩 넣어 주며 가볍게 섞어 준다.

B. 바닐라 반죽

1. 아몬드 파우더, 슈거 파우더, 박력분을 체쳐 한 볼에 섞는다.
2. 달걀을 거품기로 연한 크림색이 될 때까지 저어 준다.
3. 과정 (2)에 과정 (1)을 넣어 섞는다.
4. 과정 (3)에 중탕한 버터, 럼, 바닐라 빈을 넣어 섞는다.

C. 마무리

1. 버터를 바른 후 아몬드 슬라이스를 틀에 뿌린 다음 아파레이 초코 반죽을 수평 맞추어 담아 준다.
2. 짤 주머니에 담은 아파레이 바닐라 반죽을 과정 (1) 위에 짜준다.
3. 160℃ 오븐에서 구워 뒤집어서 식힘망에 옮긴다.
4. 슈거 파우더로 윗면을 마무리한다.

Cake aux Fruits

CAKE AUX FRUITS_케이크 오 프뤼

POUND CAKE WITH CANDIED FRUIT

건과일 파운드 케이크

A. Pâte

파트

Cake Batter

버터(부드러운 상태)	250g
슈거 파우더	250g
달걀	5개
베이킹파우더	10g

B. Fruits Macérés

프뤼 마세레

Macerated Fruit

건자두	100g
건살구	100g
건크랜베리	100 g
쿠엥트로	20g

C. Décor

데코

Decoration

오랑제트
체리
피스타치오
아브리코 나파주

A. 버터 케이크

1. 믹싱볼에 버터를 넣고 거품기로 부드럽게 풀어 준다.
2. 과정 (2)에 슈거 파우더를 넣고 섞는다.
3. 과정 (3)에 달걀을 나누어 넣어 주면서 충분히 섞는다.
4. 과정 (4)에 체친 박력분, 베이킹파우더, 준비된 과일을 넣고 주걱으로 가볍게 혼합한다.
5. 직사각형 틀에 종이를 재단하여 준비한다.
6. 과정 (6)에 반죽 (5)를 80% 정도 채운다.
7. 170℃에 30~40분 정도 구워 식힘망에 옮긴다.

B. 건과일

1. 건자두, 건살구는 1/4 정도 크기로 잘라 둔다.
2. 건과일 모두 쿠엥트로에 전처리 해둔다.

C. 데코

아브리코 나파주를 윗면에 바르고 건과일, 견과류 등으로 마무리한다.

케이크 오 프뤼

프랑스의 과일 파운드 케이크로 대표적이다.
가장 기본적인 카트르 카르(=파운드 케이크) 배합으로 반죽을 만들고, 드라이 프루츠를 듬뿍 넣은 과일 케이크이다.

French Desserts and Baking

07

CHAPTER

피이타주

Pithiviers

PITHIVIERS_피티비에

PITHIVIERS OR THREE KINGS CAKE

프랑스 아몬드크림 패스츄리 과자

A. Feuilletage

퓌이타주

Puff Pastry

박력분	400g
물	220g
소금	10g
버터(중탕)	80g

충전용 버터	260g

B. Crème D'amandes

크렘 다망드

Almond Cream

버터	60g
설탕	60g
달걀	1개
아몬드 파우더	60g
럼	

A. 퍼프 패스츄리 (15p 참고)

1. 박력분에 물, 소금, 중탕한 버터를 넣고 매끈한 상태로 반죽한다.
2. 비닐에 싸서 냉장고에 30분 정도 휴지시킨다.
3. 충전용 버터를 부드럽게 하여 정사각형으로 성형한다.
4. 과정 (3)을 과정 (2) 반죽 한가운데에 얹어 놓고 네 면의 반죽을 싼 다음 모서리를 봉한다.
5. 밀가루를 뿌린 작업대 위에 과정(4)를 밀대로 밑면이 들러붙지 않도록 밀어 편다.
6. 과정 (5)를 4절 3회로 반복한다.
7. 밀대로 4mm 두께가 되도록 고르게 민 뒤 덧가루를 털어내고 직사각형으로 재단한다.

B. 아몬드 크림 (16p 참고)

1. 버터를 거품기로 부드럽게 풀어 준다.
2. 과정 (1)에 설탕을 넣어 섞는다.
3. 과정 (2)에 달걀, 아몬드 파우더, 럼 순으로 넣어 섞는다.

C. 마무리

1. 원형 모양의 퓌이타주를 오븐 팬에 올린다.
2. 짤주머니에 아몬드 크림을 담아 과정 (1) 위에 짜준다.
3. 과정 (2) 위에 퓌이타주를 올린다.

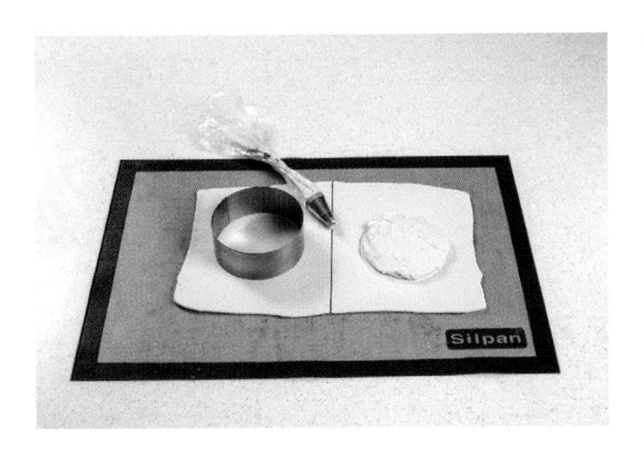

01

02

4. 과정 (3) 위에 노른자를 전체적으로 고루 바른다.
5. 과정 (4) 윗면에 칼끝으로 표면에 무늬를 넣는다.
6. 190℃에 40분 정도 구워 준다.

7. 설탕1 : 물1을 끓인 시럽을 윗면에 발라 마무리한다.

03

피티비에

18세기 오를레아네 지방 루아레 주의 피티비에라는 도시에서 최초로 만든 아몬드크림 패스츄리 과자
이 과자 안에는 페브라는 조그만 도자기 인형을 넣고 여럿이 나누어 먹다가 도자기 인형을 차지한 사람이 그날 왕이 되는 놀이를 했다.

Millefeuille

MILLE-FEUILLE_밀푀유

NAPOLEON

미국에서는 나폴레옹 파이라고 불리고, '천 개의 잎사귀'라는 뜻으로 여러 장의 얇은 층이 있는 파이

A. Feuilletage

퓌이타주

Puff Pastry

박력분	250g
버터(중탕)	35g
물	125ml
소금	5g

충전용 버터	150g

B. Crème Pâtissière

크렘 파티시에르

Pastry Cream

우유	500ml
노른자	6개
설탕	125g
박력분	30g
커스타드 파우더	35g
바닐라 빈	1개

A. 퍼프 패스츄리 (15p 참고)

1. 박력분에 물, 소금, 중탕한 버터를 넣고 매끈한 상태로 반죽한다.
2. 비닐에 싸서 냉장고에 30분 정도 휴지시킨다.
3. 충전용 버터를 부드럽게 하여 정사각형으로 성형한다.
4. 과정 (3)을 과정 (2) 반죽한 가운데에 얹어 놓고 네 면의 반죽을 싼 다음 모서리를 봉한다.
5. 밀가루를 뿌린 작업대 위에 과정 (4)를 밀대로 밑면이 들러붙지 않도록 밀어 편다.
6. 과정 (5)를 4절 3회로 반복한다.

01

7. 밀대로 2mm 두께가 되도록 철판 크기에 맞추어 고르게 민 뒤 덧가루를 털어내고 철판에 옮긴다.
8. 과정 (7)에 피케를 굴려 실온에 20분 정도 휴지시킨다. (수축 방지)
9. 과정 (8) 위에 물 스프레이를 한 뒤 설탕을 전체적으로 고루 뿌린다.
10. 200℃에 25분 정도 구워 식힘망에 옮긴다.

B. 패스츄리 크림 (17p 참고)

1. 냄비에 우유, 설탕(1/2), 바닐라 빈의 씨를 과도로 긁어 넣고 끓인다.
2. 볼에 노른자와 설탕(1/2)을 넣고 거품기로 크림색이 될 때까지 충분히 섞는다.
3. 과정 (2)에 박력분, 커스타드 파우더를 넣고 혼합한다.
4. 과정 (3)에 과정 (1)을 부어 덩어리 없이 섞어 준다.
5. 과정 (4)를 냄비에 부어 크림 상태가 될 때까지 가열하면서 끓여 준다.
6. 완성된 크림은 물기 없는 볼에 옮겨 윗면이 마르지 않도록 랩 등으로 덮어 냉각시킨다.

C. 마무리

1. 퓌이타주를 적당한 크기로 잘라 재단한다.

02

03

2. 과정 (1) 위에 크림을 짜고 퓌이타주 얹기를 반복한다.
3. 윗면에 휘핑한 생크림과 바닐라 빈으로 장식한다.

> plquer(피케)
>
> 반죽에 균일하게 열이 닿도록 피케롤러나 포크로 작은 구멍을 내준다.

MILLEFEUILLE AU PRALINE_밀푀유 오 프랄리네

PRALINE NAPOLEON

프랄리네 크림이 들어간 밀푀유

A. Feuilletage
퓌이타주, Puff Pastry

박력분	500g
버터(중탕)	100g
물	275ml
소금	12g
충전용 버터	350g

B. Croustillant Praliné
크루스티앙 프랄리네

Crisp Praline Filling

헤이즐넛 페이스트	125g
잔두야 초콜릿	125g
밀크 초콜릿	65g
페유틴	125g
버터	25(중탕)g

C. Crème Pâtissière
크렘 파티시에르

Pastry Cream

우유	500ml
노른자	6개
설탕	125g
박력분	300g
커스터드 파우더	35g
바닐라 빈	2개

A. 퍼프 패스츄리 (15p 참고)

1. 박력분에 물, 소금, 중탕한 버터를 넣고 매끈한 상태로 반죽한다.
2. 비닐에 싸서 냉장고에 30분 정도 휴지시킨다.
3. 충전용 버터를 부드럽게 하여 정사각형으로 성형한다.
4. 과정 (3)을 과정 (2) 반죽 한가운데에 얹어 놓고 네 면의 반죽을 싼 다음 모서리를 봉한다.
5. 밀가루를 뿌린 작업대 위에 과정(4)를 밀대로 밑면이 들러붙지 않도록 밀어 편다.
6. 과정 (5)를 4절 3회로 반복한다.
7. 밀대로 2mm 두께가 되도록 철판 크기에 맞추어 고르게 민 뒤 덧가루를 털어내고 철판에 옮긴다.
8. 과정 (7)에 피케를 굴려 실온에 20분 정도 휴지시킨다. (수축 방지)
9. 과정 (8) 위에 물 스프레이를 한 뒤 설탕을 전체적으로 고루 뿌린다.
10. 200℃에 25분 정도 구워 식힘망에 옮긴다.

B. 크리스피 프랄리네 필링

1. 잔두야 초콜릿, 밀크 초콜릿을 중탕한다.
2. 과정 (1)에 헤이즐넛 페이스트, 버터를 넣고 섞는다.
3. 과정 (2)에 페유틴 포요틴을 넣고 섞는다.
4. 사각팬에 필름을 깔고 과정 (3)을 5mm 두께로 넓게 펴준다.
5. 과정 (4)를 냉장고에 굳힌다.

C. 패스츄리 크림 (17p 참고)

1. 냄비에 우유, 설탕(1/2), 바닐라 빈의 씨를 과도로 긁어 넣고 끓인다.
2. 볼에 노른자와 설탕(1/2)을 넣고 거품기로 크림색이 될 때까지 충분히 섞는다.
3. 과정 (2)에 박력분, 커스터드 파우더을 넣고 혼합한다.
4. 과정 (3)에 과정(1)을 부어 덩어리 없이 섞어준 다.
5. 과정 (4)를 냄비에 부어 크림 상태가 될 때까지 가열하면서 끓여 준다.
6. 완성된 크림은 물기 없는 볼에 옮겨 윗면이 마르지 않도록 랩 등으로 덮어 냉각시킨다.

D. Crème Légère Au Praliné

크렘 레제르 오 프랄리네

Praline Cream

빠띠시에르 크림	750g
디저트 젤리	40g
생크림(휘핑)	600g
프랄리네	150g

E. Noisettes Caramélisées

누아제트 캐러멜리제

Caramelized Hazelnuts

헤이즐넛(껍질이 없는)	50g
아몬드(껍질이 없는)	50g
설탕	80g
물	20g
버터	10g

D. 프랄리네 크림

1. 크렘 파티시에르(C)를 부드럽게 풀어 준다.
2. 과정 (1)에 휘핑한 생크림(80%), 프랄리네를 넣고 섞는다.

E. 헤이즐넛 캐러멜

1. 냄비에 설탕, 물를 넣고 캐러멜색이 되도록 가열한다.
2. 과정 (1)에 로스팅한 헤이즐넛, 아몬드를 넣고 섞은 후 버터를 넣는다.
3. 실리콘 페이퍼를 깐 팬에 부어 굳힌다.

F. 마무리

퍼프- 크림- 크리스피 프랄리네-크림-퍼프 순으로 마무리한다.

Streusel

STREUSEL_스트로젤

STREUSEL CAKE

패스츄리 위에 한국식 소보로 느낌의 스트로 젤을 올린 바삭한 파이

A. Feuilletage

퓌이타주

Puff Pastry

박력분	500g
버터(중탕)	100g
물	275ml
소금	12g

충전용 버터 350

B. Granulé Streuzel

그랑뉘엘 스트로 젤

Streusel Topping

설탕	225g
버터	300g
박력분	360g

A. 퍼프 패스츄리 (15p 참고)

1. 박력분에 물, 소금, 중탕한 버터를 넣고 매끈한 상태로 반죽한다.
2. 비닐에 싸서 냉장고에 30분 정도 휴지시킨다.
3. 충전용 버터를 부드럽게 하여 정사각형으로 성형한다.
4. 과정 (3)을 과정 (2) 반죽 한가운데에 얹어 놓고 네 면의 반죽을 싼 다음 모서리를 봉한다.
5. 밀가루를 뿌린 작업대 위에 과정 (4)를 밀대로 밑면이 들러붙지 않도록 밀어 편다.
6. 과정 (5)를 4절 3회로 반복한다.
7. 밀대로 5mm 두께가 고르게 민 뒤 덧가루를 털어내고 지름 5cm 원형 크기 정도로 찍어 철판에 옮긴다.

B. 스트로 젤 토핑

1. 버터를 부드럽게 크림화시킨다.
2. 과정 (1)에 설탕, 박력분을 넣고 바슬바슬한 상태로 만든다.

01

02

3. 굵은체에 과정 (2)를 내려 스트로 젤을 만든다.

C. 마무리

1. 퇴이타주 위에 달걀 물을 살짝 바른 후 스트로 젤을 동그랗게 올린다.

03

2. 180℃에 20분 정도 굽는다.
3. 윗면에 슈거 파우더로 마무리한다.

French Desserts and Baking

08
CHAPTER

슈

SAINT-HONORÉ_생토노레

SAINT-HONORÉ

파트 슈크레 위에 슈를 왕관처럼 둘러 만든 프랑스 전통 디저트

A. Pâte Sucrée
파트 슈크레
Sweet Pastry Dough

박력분	125g
버터	75g
설탕	50g
노른자	1개

B. Pâte À Choux
파트 아 슈
Choux Pastry

물	250g
버터	100g
소금	5g
설탕	15g
박력분	150g
달걀	4개

C. Crème Chantilly
크렘 샹티이
Chantilly Cream

생크림	500g
슈거 파우더	50g
바닐라	

D. Caramel
캐러멜
Caramel

설탕	250g
물	80g
레몬즙	소량

A. 파트 슈크레 (14p 참고)

1. 박력분에 버터를 넣고 스크레퍼로 잘게 다져 바슬바슬하게 한다.
2. 바슬바슬한 상태에 설탕을 넣고 노른자을 넣어 한 덩어리 되게 반죽한다.
   반죽 상태를 보고 물 소량이나 흰자를 넣어 조절한다.
3. 완성된 반죽은 비닐에 싸서 냉장고에 20분 정도 휴지시킨다.

01

Saint-honoré (생토노레)

1480년경 생토노레 거리에 '달로와요'라는 과자점이 있었는데 그 과자점의 셰프였던 시부스트(chiboust)가 슈를 왕관 모양에 부드러운 크림을 넣은 과자로 만들었다.

B. 슈 반죽 (12p 참고)

1. 냄비에 설탕, 소금, 버터를 넣고 버터가 완전히 용해되면서 충분히 끓인다.
2. 체에 내린 가루분을 넣어 주걱으로 충분히 섞어 주면서 냄비 밑면이 타지 않도록 재빨리 섞어 볶아 준다.
3. 반죽을 빈볼에 옮겨 계란을 1개씩 넣어 주걱으로 섞어 반죽을 완성한다.
4. 반죽을 짤주머니에 담아 적당한 크기로 팬닝한다.(B-1)

02

C. 휘핑 크림 (19p 참고)

1. 생크림을 휘핑한다.
2. 얼음을 채운 볼에 데고 재빨리 젓는다.
3. 과정 (2)에 슈거 파우더, 바닐라를 넣고 휘핑한다.
4. 냉장 보관한다.

D. 캐러멜

1. 냄비에 설탕, 물을 연한 캐러멜색이 나도록 가열한 다음 슈 윗면을 찍어 뒤집어서 굳힌 다음 케이크 위를 장식한다.

03

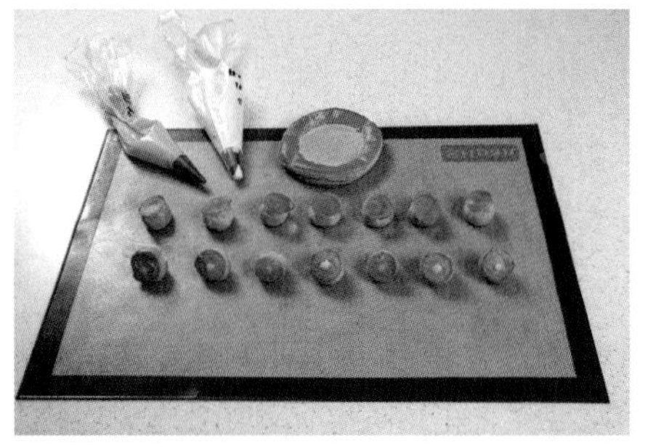

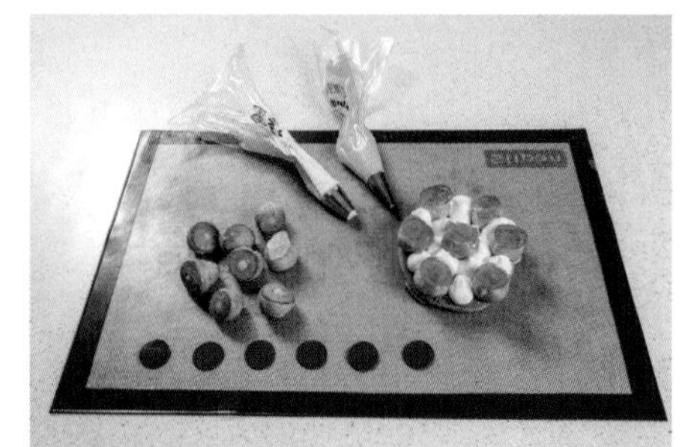

Chouquettes

CHOUQUETTES_슈케트

A. Pâte À Choux
파트 아 슈

Choux Pastry

물	250ml
버터	100g
소금	4g
설탕	4g
박력분	150g
달걀	4g

B. Décor
데코

Decoration

시럽

A. 슈 반죽 (12p 참고)

1. 냄비에 물, 버터, 소금, 설탕을 넣고 버터가 완전히 용해될 때까지 충분히 끓인다.
2. 체 친 가루분을 넣고 덩어리지지 않도록 재빨리 나무주걱으로 볶아 준다.
   (냄비 바닥이 하얀 막이 생길 때까지 볶아 준다.)
3. 완성된 반죽은 불에서 내려 볼에 옮긴다.
4. 달걀을 1개씩 넣고 충분히 섞어 슈 반죽을 완성한다.
   (주걱으로 반죽을 들었을 때 한 덩어리가 되직하게 떨어지는 상태이다.)
5. 깍지를 낀 짤주머니에 반죽을 넣어 적당한 크기로 짜준다.
6. 윗면에 붓으로 달걀 물 칠을 하고 윗면에 우박 설탕을 적당히 뿌린다.

01

7. 190℃에 20분 정도 굽는다.

02

ÉCLAIRS_에클레르

ECLAIRS

1822년 퐁당 발견 후 만들어진 디저트로 19세기 프랑스에서 에클레르는 '번개'를 뜻하며, 먹을 때 크림이 흘러내리기 전에 번개처럼 먹어 치운다는 유래가 있다.

A. Pâte À Choux

파트 아 슈

Choux Pastry

물	250ml
버터	100g
소금	4g
설탕	4g
박력분	150g
달걀	4개

B. Crème Pâtissière

크렘 파티시에르

Pastry Cream

우유	1L
바닐라	
노른자	8개
설탕	250g
박력분	60g
콘스타치	60g

커피 엑기스 또는 초콜릿

C. Finition

Finish

퐁당, 커피 엑기스, 식용 색소

A. 슈 반죽 (12p 참고)

1. 냄비에 물, 버터, 소금, 설탕을 넣고 버터가 완전히 용해될 때까지 충분히 끓인다.
2. 체친 가루분을 넣고 덩어리지지 않도록 재빨리 나무주걱으로 볶아 준다.
   (냄비 바닥이 하얀 막이 생길 때까지 볶아 준다.)
3. 완성된 반죽은 불에서 내려 볼에 옮긴다.
4. 계란을 1개씩 넣고 충분히 섞어 슈반죽을 완성한다.
   (주걱으로 반죽을 들었을 때 한 덩어리가 되직하게 떨어지는 상태이다.)
5. 깍지를 낀 짤주머니에 반죽을 넣어 적당한 크기로 짜준다.
6. 윗면에 붓으로 계란 물 칠을하고 포크로 무늬를 낸다.

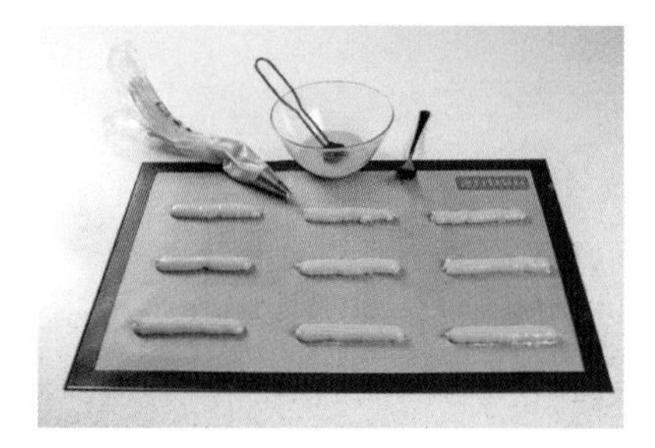

01

7. 190℃에 20~30분 정도 굽는다.

B. 패스츄리 크림 (17p 참고)

1. 냄비에 우유, 설탕(1/2), 바닐라 빈의 씨를 과도로 긁어 넣고 끓인다.
2. 볼에 노른자와 설탕(1/2)을 넣고 거품기로 크림색이 될 때까지 충분히 섞는다.
3. 과정 (2)에 박력분, 커스터드 파우더를 넣고 혼합한다.
4. 과정 (3)에 과정 (1)을 부어 덩어리 없이 섞어 준다.
5. 과정 (4)를 냄비에 부어 크림 상태가 될 때까지 가열하면서 끓여 준다.
6. 완성된 크림은 물기 없는 볼에 옮겨 윗면이 마르지 않도록 랩 등으로 덮어 냉각시킨다.

C. 마무리

1. 슈 바닥면에 뾰족한 깍지로 구멍을 두 개 뚫어 준다.
2. 짤주머니에 크림을 넣어 슈 안에 채운다.
3. 슈 윗면에 퐁당과 장식물 초콜릿으로 데코한다.

Paris-Brest

PARIS-BREST_파리 브레스트

PARIS-BREST

프랑스 파리와 브르타뉴 반도 끝에 있는 항구 도시 브레스트 간에 1891년 벌인 자전거 레이스를 기념하기 위해 자전거의 바퀴를 본떠 만들었다고 한다.

A. Pâte À Choux
파트 아 슈
Choux Pastry

물	250g
버터	100g
소금	4g
설탕	4g
박력분	150g
달걀	4개

B. Crème Pâtissière
크렘 파티시에르
Pastry Cream

우유	500g
노른자	5개
설탕	125g
박력분	30g
콘스타치	30g

C. Crème Mousseline Praliné
크렘 무슬린 프랄리네
Praline Mousseline Cream

프랄리네	100g
크렘 파티시에르	500g
버터	300g

D. Décor
데코
Decoration

아몬드 슬라이스
슈거 파우더

A. 슈 반죽 (12p 참고)

1. 냄비에 물, 버터, 소금, 설탕을 넣고 버터가 완전히 용해될 때까지 충분히 끓인다.
2. 체 친 가루분을 넣고 덩어리 지지 않도록 재빨리 나무주걱으로 볶아 준다. (냄비 바닥이 하얀 막이 생길 때까지 볶아 준다.)
3. 완성된 반죽은 불에서 내려 볼에 옮긴다.
4. 달걀을 1개씩 넣고 충분히 섞어 슈 반죽을 완성한다.
   (주걱으로 반죽을 들었을 때 한 덩어리가 되직하게 떨어지는 상태이다.)
5. 깍지를 낀 짤주머니에 반죽을 넣어 적당한 크기로 짜준다.
6. 윗면에 붓으로 달걀 물 칠을 하고 포크로 무늬를 낸다.
7. 190℃에 20~30분 정도 굽는다.

B. 패스츄리 크림 (17p 참고)

1. 냄비에 우유, 설탕(1/2), 바닐라 빈의 씨를 과도로 긁어 넣고 끓인다.
2. 볼에 노른자와 설탕(1/2)을 넣고 거품기로 크림색이 될 때까지 충분히 섞는다.
3. 과정 (2)에 박력분, 커스터드 파우더를 넣고 혼합한다.
4. 과정 (3)에 과정 (1)을 부어 덩어리 없이 섞어 준다.
5. 과정 (4)를 냄비에 부어 크림 상태가 될 때까지 가열하면서 끓여 준다.
6. 완성된 크림은 물기 없는 볼에 옮겨 윗면이 마르지 않도록 랩 등으로 덮어 냉각시킨다.

C. 프랄린 커스타드 크림

1. 버터를 크림화한다.
2. 과정 (1)에 프랄리네를 넣고 믹싱한다.
3. 과정 (2)에 크렘 파티시에르를 넣고 혼합한다.

01

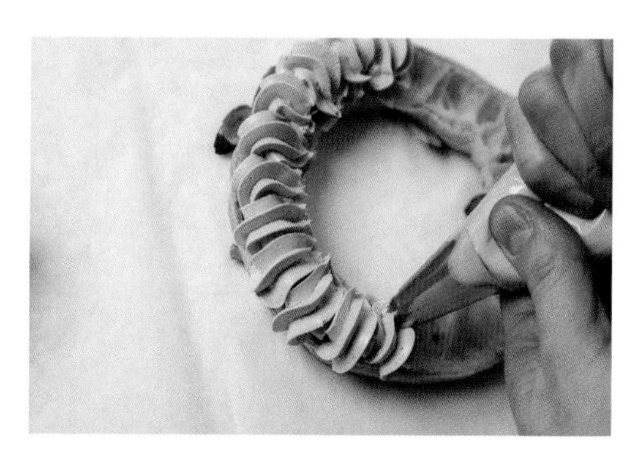

D. 마무리

1. 슈를 가로로 자른다.
2. 프랄린 커스타드 크림을 모양 있게 짜준다.
3. 윗면 슈를 올려 슈거 파우더로 마무리한다.

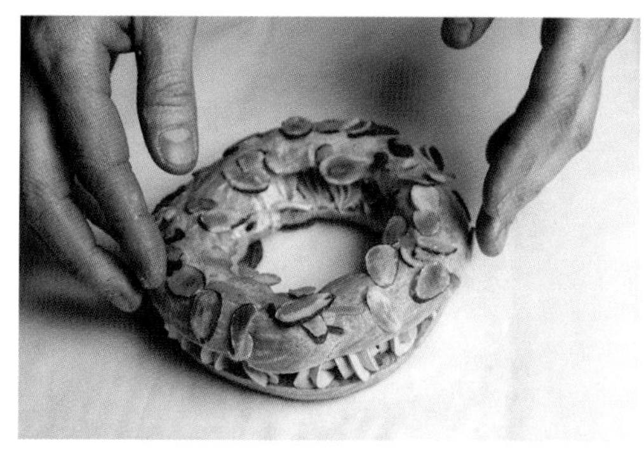

- 파뜨 아슈
  물과 우유로 반죽하였을 때 차이점 - 우유로 구웠을 때는 색이 좋고 껍질이 부드럽다.

- 달걀을 나누어 넣어 주는 이유
  달걀을 한꺼번에 넣어 반죽을 계속 섞고 있으면 반죽 속의 유지분이 분리되어 스며 나온다.

슈 반죽은 18세기경에 내용물을 채우지 않은 슈 반죽만 먹게 되었고, 19세기에 크렘 빠띠시에르(Créme Pâtissière, 커스트드 크림)이나 크렘 샹티이(Créme chantilly)를 채워 먹었다. 원래 요리적 요소가 강해 치즈를 넣은 구제르(gougère, 치즈가 들어 있는 과자) 슈의 유래는 '베사멜소스'의 기본이 되는 버터에 밀가루를 볶아 루(roux)상태의 무거운 반죽으로 열을 가하면 부푼다는점에서 베네 수플레(Beignet soufflé)라는 튀긴 과자에서 변형되었다고 한다. 베네는 옷을 입혀서 튀긴다는 뜻이고 수플레는 부풀어 오르는 것이라는 뜻이다. 16세기 초에 이탈리아로부터 프랑스 왕에게 시집간 카트린 드 메디시스 제과장이 반죽을 반쯤 구워 반으로 자르고 내용물을 꺼내고 충전물을 채운 현대의 슈에 매우 가까운 형태라 할수 있다.

Choux Chantilly

CHOUX CHANTILLY_슈 샹티이

CHANTILLY CREAM FILLED PUFFS

샹띠이 - 거품을 낸 생크림

A. Pâte À Choux
파트 아 슈

Choux Pastry

물	250g
버터	100g
소금	4g
설탕	4g
박력분	150g
달걀	4개

B. Crème Chantilly
크렘 샹티이

Chantilly Cream

생크림	500g
슈거 파우더	50g
바닐라 빈	1g

C. Décor
데코

Decoration

슈거 파우더 (데코용), 딸기

A. 슈 반죽 (12p 참고)

1. 냄비에 물, 버터, 소금, 설탕을 넣고 버터가 완전히 용해될 때까지 가열한다.
2. 체 친 가루분을 넣고 덩어리지지 않도록 재빨리 나무주걱으로 볶아 준다.
(냄비 바닥이 하얀 막이 생길 때까지 볶아 준다.)
3. 완성된 반죽은 불에서 내려 볼에 옮긴다.
4. 달걀을 1개씩 넣고 충분히 섞어 슈 반죽을 완성한다.
(주걱으로 반죽을 들었을 때 한 덩어리가 되직하게 떨어지는 상태이다.)
5. 깍지를 낀 짤주머니에 반죽을 넣어 적당한 크기로 짜준다.
6. 윗면에 붓으로 달걀 물칠을 하고 포크로 무늬를 낸다.
7. 190℃에 20~30분 정도 굽는다.

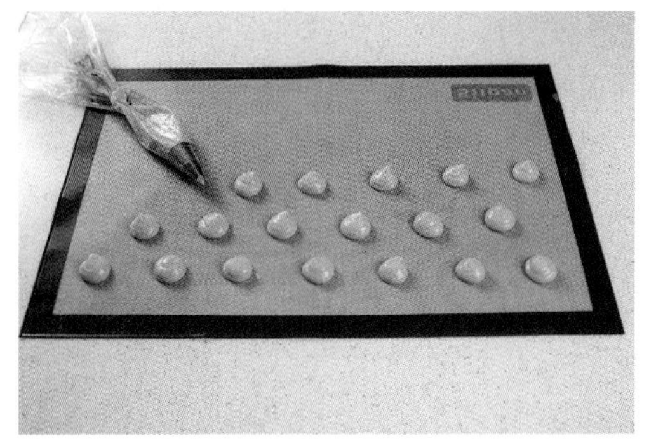

01

B. 휘핑 크림 (19p 참고)

1. 생크림을 휘핑한다. (70%)
2. 과정 (2)에 슈거 파우더, 바닐라 빈을 넣고 휘핑한다. (90%)

C. 데코

슈 안에 휘핑한 생크림과 딸기를 넣고 슈거 파우더로 마무리한다.

French Desserts and Baking

09
CHAPTER

제과제빵 실기

Found Cake

파운드 케이크

시험시간 : 2시간 30분

생산량 : 4개
형태 : 직육면체 사각
반죽 온도 : 23℃
비중 : 0.8±0.05
제조 방법 : 크림법

■ 요구 사항

※ 파운드 케이크를 제조하여 제출하시오.

1) 배합표의 각 재료를 계량하여 재료별로 진열하시오(11분).
2) 반죽은 크림법으로 제조하시오.
3) 반죽 온도는 23℃를 표준으로 하시오.
4) 반죽의 비중을 측정하시오.
5) 윗면을 터뜨리는 제품을 만드시오.
6) 계란 물을 제조하여 윗면에 칠하시오.
7) 반죽은 전량을 사용하여 성형하시오.

■ 배합표

재료명	비율(%)	무게(g)
박력분	100	800
설탕	80	640
버터	60	480
쇼트닝	20	160
유화제	2	16
소금	1	8
물	20	160
탈지분유	2	16
바닐라 향	0.5	4
B.P	2	16
계란	80	640
계	367.5	2940

■ 제조 공정

1. 믹서볼에 버터와 쇼트닝을 넣고 거품기로 고속으로 믹싱하여 부드럽게 풀어준다.
2. 소금, 설탕, 유화제를 넣고 연한 크림색이 되게 한다.
(믹싱을 충분히 해야 유지와 계란이 분리되지 않는다.)

3. 계란을 2개씩 나누어 분리되지 않도록 충분히 크림화시켜 준다.

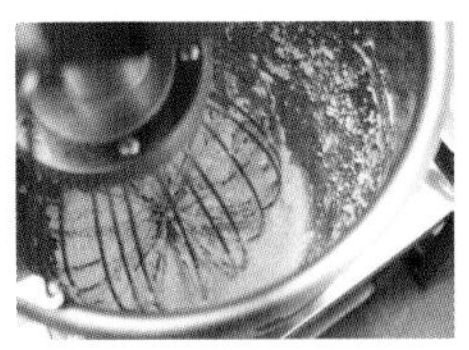 

4. 체에 내린 박력분, 베이킹파우더, 향, 분유를 넣고 저속으로 가볍게 섞어준다.
   (주걱으로 가루 재료를 혼합할 때는 바닥에서 위로 올려 가볍게 덩어리가 생기지 않도록 매끄럽게 혼합한다.)

5. 물은 한 번에 넣고 저속으로 섞어준 다음 비중을 측정한다.

6. **팬닝**
   반죽을 팬 부피의 70% 정도 채운 다음 주걱으로 윗면을 평평하게 하고 가운데 부분을 'U'자 모양이 되도록 고무주걱으로 마무리한다.

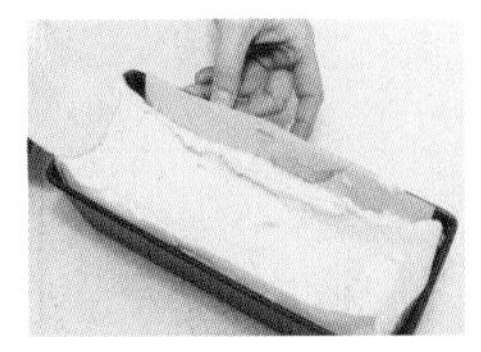 

7. **굽기**
   ① 예열된 윗불 200℃, 아랫불 160℃ 오븐에 40~45분간 굽는다.
   ② 윗면에 연한 갈색이 나면 양쪽 1cm 정도 남기고 식용유를 바른 칼로 중앙에 칼집을 준 다음 윗불 170℃,아랫불160℃로 약 20분 정도 구운 다음 전체적으로 균일한 색이 나도록 한다.
   ③ 오븐에서 꺼내 뜨거울 때 노른자(100%)와 설탕(30~40%)를 섞어 윗면 터진 부분만 바른다.

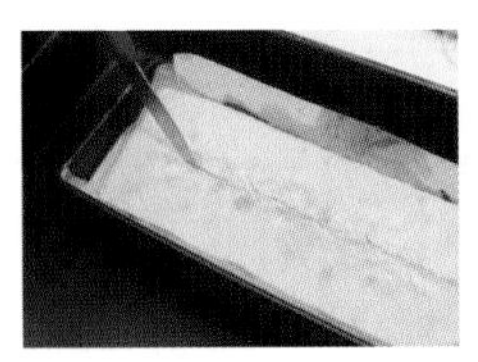 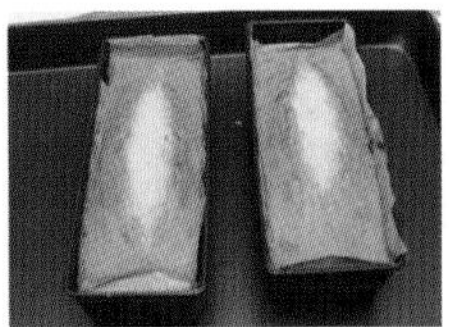

Yellow layer Cake

• *Yellow layer Cake* •

옐로 레이어 케이크

시험시간 : 1시간 50분

생산량 : 4개
형태 : 지름 21cm 원형
반죽 온도 : 23℃,
비중 : 0.80 ± 0.05
제조방법 : 크림법

■ 요구 사항

※ 옐로 레이어 케이크를 제조하여 제출하시오.

1) 배합표의 각 재료를 계량하여 재료별로 진열하시오(10분).
2) 반죽은 크림법으로 제조하시오.
3) 반죽 온도는 23℃를 표준으로 하시오.
4) 반죽의 비중을 측정하시오.
5) 제시한 팬에 알맞도록 분할하시오.
6) 반죽은 전량을 사용하여 성형하시오.

■ 배합표

재료명	비율(%)	무게(g)
박력분	100	600
설탕	110	660
쇼트닝	50	300
계란	55	330
소금	2	12
유화제	3	18
베이킹파우더	3	18
탈지분유	8	48
물	72	432
향	0.5	3
계	403.5	2421

■ 제조 공정

1. 실온에 둔 쇼트닝과 유화제를 거품기로 부드럽게 풀어주고 설탕, 소금을 넣고 크림 상태로 만든다.

2. 계란을 2~3회 나누어 넣으면서 분리되지 않게 크림 상태로 한다.
(계란을 한꺼번에 넣으면 비지처럼 뭉글뭉글 분리 현상이 일어난다.)

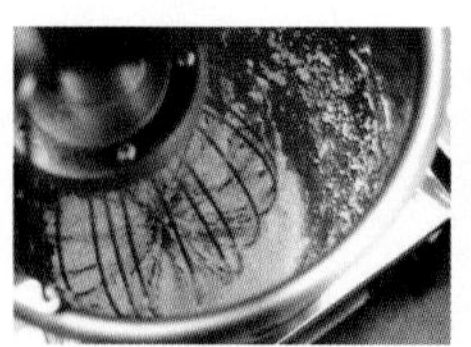

3. 체에 내린 박력분, 베이킹파우더, 탈지분유를 넣고 저속으로 섞어준다.

4. 물 1/2을 넣고 혼합한 후 나머지1/2을 넣어 부드러운 반죽으로 완성한다.

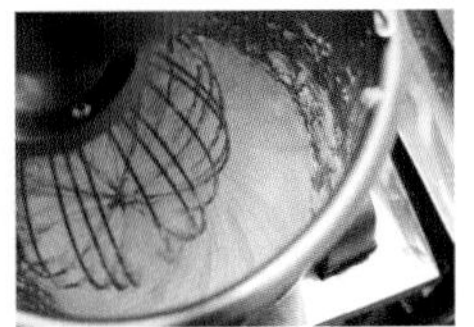

5. **팬닝**

재단해 놓은 종이를 원형 틀에 깔고 반죽을 팬 부피의 60% 정도 채운 다음 윗면을 평평하게 하고 큰 기포를 제거한다.

6. **굽기**

윗불 180℃, 아랫불 160℃로 예열된 오븐에 25~30분 정도 굽는다.
(구운 후 주저앉지 않도록 충분히 굽는다.)

버터 스펀지 케이크

[별립법] 시험시간 : 1시간 50분

생산량 : 4개
형태 : 지름 21cm 원형
반죽 온도 : 23℃
비중 : 0.50±0.05
제조방법 : 별립법

■ 요구 사항

※ 버터 스펀지 케이크(별립법)를 제조하여 제출하시오.

1) 배합표의 각 재료를 계량하여 재료별로 진열하시오. (9분)
2) 반죽은 별립법으로 제조하시오.
3) 반죽 온도는 23℃를 표준으로 하시오.
4) 반죽의 비중을 측정하시오.
5) 제시한 팬에 알맞도록 분할하시오.
6) 반죽은 전량을 사용하여 성형하시오.

■ 배합표

재료명	비율(%)	무게(g)
박력분	100	600
설탕(A)	60	360
설탕(B)	60	360
노른자	50	300
흰자	100	600
소금	1.5	9
베이킹파우더	1	6
바닐라 향	0.5	3
용해 버터	25	150
계	398	2388

■ 제조 공정

1. 계란을 흰자, 노른자를 분리하여 준비한다.
2. 노른자에 설탕 A, 소금을 넣고 연한 아이보리색이 될 때까지 거품기로 저어준다.

3. 믹싱볼에 흰자를 넣고 40% 거품을 낸 다음, 설탕 B를 3~4회 나누어 넣으면서 머랭 90%까지 완성한다.

4. 노른자 반죽에 흰자 머랭 1/3을 넣고, 나무주걱으로 가볍게 저어준다.

5. 체에 내린 박력분, 베이킹파우더, 향을 넣고 가볍게 섞어준다.

6. 일부 반죽을 볼에 덜어 용해한 버터(60℃)와 완전히 섞어준다.

7. 나머지 반죽과 남은 머랭을 넣고, 머랭이 가라앉지 않게 가볍게 섞어준다.

8. **팬닝**

미리 재단해 놓은 종이를 원형 팬에 깔고 반죽을 팬 부피의 70% 정도 채운 다음 작업대에 가볍게 내리쳐서 큰 기포를 제거한다.

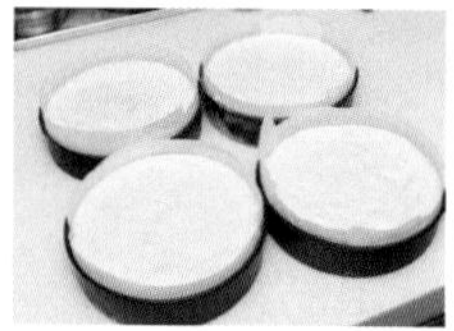

9. **굽기**

윗불 180℃,아랫불 160℃로 예열된 오븐에 25~30분간 굽는다.

Nonglutinous Fice Sponge Cake

멥쌀 스펀지 케이크

시험시간 : 1시간 50분

생산량 : 4개
형태 : 지름 21cm 원형
반죽 온도 : 25℃,
비중 : 0.50 ± 0.05
제조방법 : 공립법

■ 요구 사항

※ 멥쌀 스펀지 케이크(공립법)를 제조하여 제출하시오.

1) 배합표의 각 재료를 계량하여 재료별로 진열하시오(6분).
2) 반죽은 공립법으로 제조하시오.
3) 반죽 온도는 25℃를 표준으로 하시오.
4) 반죽의 비중을 측정하시오.
5) 제시한 팬이 3호팬(21cm)이면 420g을, 2호(18cm)팬이면 300g을 분할하시오.
6) 반죽은 전량을 사용하여 성형하시오.

■ 배합표

재료명	비율(%)	무게(g)
멥쌀가루	100	500
설탕	110	550
계란	160	800
소금	0.8	4
바닐라향	0.4	2
베이킹파우더	0.4	2
계	371.6	1,858

■ 제조 공정

1. 계란을 거품기로 풀어준 다음 설탕, 소금을 넣고 섞은 후 중탕한 물에 올려 43℃까지 저어준다.

2. 연한 아이보리색이 될 때까지 고속으로 거품기로 믹싱한 다음 저속으로 안정된 거품을 만든다. (휘퍼가 지나간 자국이 그대로 있으면 완성된 거품이다.)

3. 체에 내린 멥쌀가루, 베이킹파우더를 넣고 나무주걱으로 가볍게 섞는다.

4. **팬닝**

미리 재단해 놓은 종이를 원형 팬에 깔고 반죽을 팬 부피의 60% 정도 채운 다음 작업대에 가볍게 내리쳐서 큰 기포를 제거한다.

5. **굽기**

윗불 180℃, 아랫불 160℃로 예열된 오븐에 25~30분간 굽는다

Butter Sponge Cake

· *Butter Sponge Cake* ·

버터 스펀지 케이크

[공립법] 시험시간 : 1시간 50분

생산량 : 4개
형태 : 지름 21cm 원형
반죽 온도 : 25℃,
비중 : 0.50±0.05
제조방법 : 공립법

■ 요구 사항

※ 버터 스펀지 케이크(공립법)를 제조하여 제출하시오.

1) 배합표의 각 재료를 계량하여 재료별로 진열하시오(6분).
2) 반죽은 공립법으로 제조하시오.
3) 반죽 온도는 25℃를 표준으로 하시오.
4) 반죽의 비중을 측정하시오.
5) 제시한 팬에 알맞도록 분할하시오.
6) 반죽은 전량을 사용하여 성형하시오.

■ 배합표

재료명	비율(%)	무게(g)
박력분	100	500
설탕	120	600
계란	180	900
소금	1	5
향	0.5	2
버터	20	100
계	421.5	2107

■ 제조 공정

1. 계란을 거품기로 풀어준 다음 설탕, 소금을 넣고 중탕한 물에 올려 43℃까지 저어준다.

2. 연한 아이보리색이 될 때까지 고속으로 거품기로 믹싱한 다음 저속으로 안정된 거품을 만든다. (휘퍼가 지나간 자국이 그대로 있으면 완성된 거품이다.)

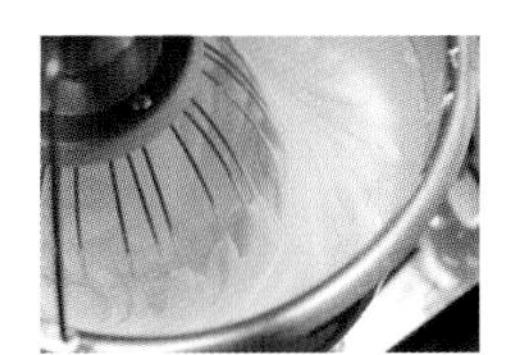

3. 체에 내린 박력분, 베이킹파우더를 넣고 나무주걱으로 가볍게 섞는다.

4. 용해시킨 버터(40~60℃)와 반죽 일부를 넣고 잘 섞어준다.

5. **팬닝**

미리 재단해 놓은 종이를 원형 팬에 깔고 반죽을 팬 부피의 70% 정도 채운 다음 작업대에 가볍게 내리쳐서 큰 기포를 제거한다.

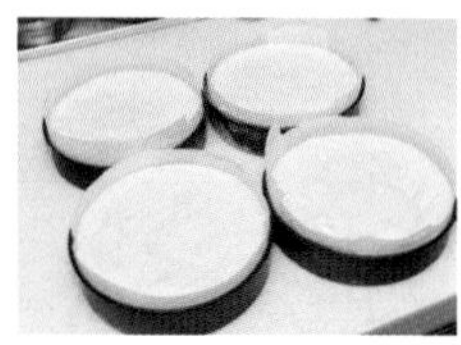

6. **굽기**

윗불 180℃,아랫불 160℃로 예열된 오븐에 25~30분간 굽는다.

젤리롤케이크

시험시간 : 1시간 30분

생산량 : 1줄
형태 : 둥글게 만 원통형
반죽 온도 : 23℃,
비중 : 0.50±0.05
제조방법 : 공립법

■ 요구 사항

※ 젤리롤 케이크를 제조하여 제출하시오.

1) 배합표의 각 재료를 계량하여 재료별로 진열하시오(8분).
2) 반죽은 공립법으로 제조하시오.
3) 반죽 온도는 23℃를 표준으로 하시오.
4) 반죽의 비중을 측정하시오.
5) 제시한 팬에 알맞도록 분할하시오.
6) 반죽은 전량을 사용하여 성형하시오.
7) 캐러멜 색소를 이용하여 무늬를 완성하시오.

■ 배합표

재료명	비율(%)	무게(g)
박력분	100	400
설탕	130	520
계란	170	680
소금	2	8
물엿	8	32
베이킹파우더	0.5	2
우유	20	80
향	1	4
계	431.5	1726
잼	50	200

■ 제조 공정

1. 계란을 거품기로 다음 설탕, 소금, 물엿을 넣고 중탕한 물에 올려 43℃까지 저어준다.

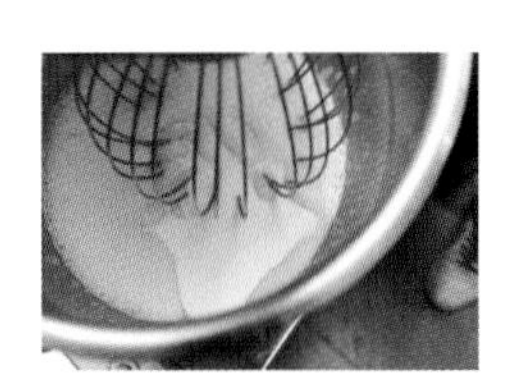

2. 연한 아이보리색이 될 때까지 고속으로 거품기로 믹싱한 다음 저속으로 안정된 거품을 만든다. (휘퍼가 지나간 자국이 그대로 있으면 완성된 거품이다.)

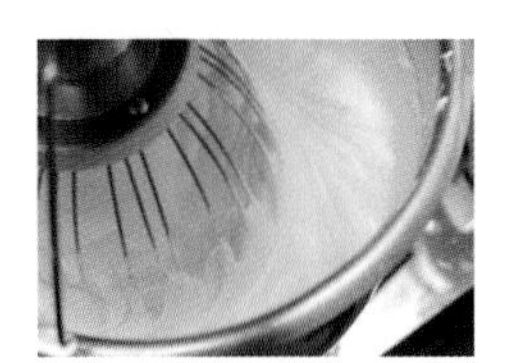

3. 체에 내린 박력분, 베이킹파우더를 넣고 나무주걱으로 가볍게 섞는다.

4. 중탕한 우유(40~60℃)를 반죽에 넣고 잘 섞어준다.

5. **팬닝**

평철판에 위생지를 깔고 반죽을 부어 윗면을 평평하게 한다.

6. **무늬내기**

소량의 반죽에 캐러멜 색소를 넣고 섞은 다음 반죽 윗면에 무늬를 만든다.

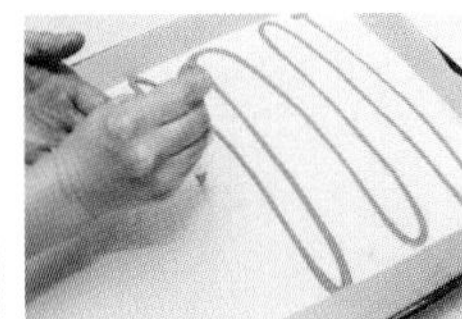
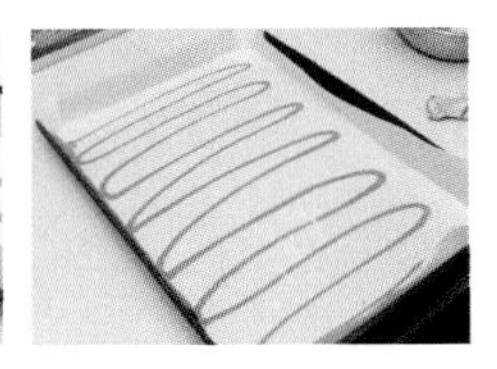

7. **굽기**

윗불 180℃, 아랫불 160℃로 예열된 오븐에 20~25분 굽는다.

8. **말기**

전체적으로 색깔이 황금갈색이 나면 제품을 냉각시킨 후 작업대 위에 젖은 면보를 깔고 윗면이 밑으로 가게끔 엎어서 잼을 고루 바르고 밀대로 말아준다.

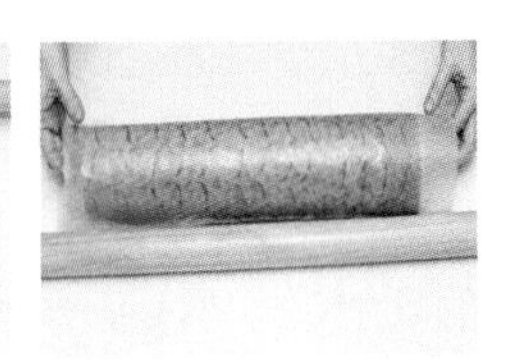

Soft Roll Cake

소프트롤케이크

시험시간 : 1시간 50분

생산량 : 1줄
형태 : 둥글게 만 원통형
반죽 온도 : 22℃
비중 : 0.50±0.05
제조방법 : 별립법

■ 요구 사항

※ 소프트롤 케이크를 제조하여 제출하시오.

1) 배합표의 각 재료를 계량하여 재료별로 진열하시오(10분).
2) 반죽은 별립법으로 제조하시오.
3) 반죽 온도는 22℃를 표준으로 하시오.
4) 반죽의 비중을 측정하시오.
5) 제시한 팬에 알맞도록 분할하시오.
6) 반죽은 전량을 사용하여 성형하시오.
7) 캐러멜 색소를 이용하여 무늬를 완성하시오.

■ 배합표

재료명	비율(%)	무게(g)
박력분	100	250
설탕(A)	70	175
물엿	10	25
소금	1	2.5
물	20	50
향	1	2.5
설탕(B)	60	150
계란	280	700
베이킹파우더	1	2.5
식용유	50	125
계	593	1482.5
잼	80	200

■ 제조 공정

1. 계란의 흰자, 노른자를 분리한다.
2. 볼에 노른자와 설탕 A, 소금을 넣고 아이보리색이 될 때까지 거품기로 믹싱한다.

3. 물기 없는 볼에 흰자를 넣고 50~60% 정도 거품을 올린 다음에 설탕 B를 3회 정도 나누어 넣으면서 머랭을 90% 정도까지 만든다.

4. 노른자 반죽에 머랭(1/3) 정도 넣고 나무주걱으로 가볍게 혼합한다.

5. 체에 내린 가루분(박력분, 베이킹파우더)를 넣고 가볍게 혼합한다.

6. 위의 완성된 반죽 소량과 식용유를 혼합하여 반죽을 완성한다.
7. 나머지 머랭(2/3)와 완성된 반죽과 머랭이 가라앉지 않게 가볍게 혼합한다.

8. **팬닝** : 평철판에 위생지를 깔고 반죽을 부어 윗면을 평평하게 한다.

9. **무늬내기**

   소량의 반죽에 캐러멜 색소를 넣고 섞은 다음 반죽 윗면에 무늬를 만든다.

 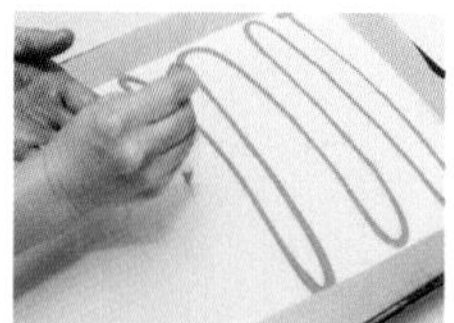 

10. **굽기**

윗불 180℃, 아랫불로 예열된 오븐에 160℃ 20~25분 굽는다.

11. **말기**

전체적으로 색깔이 황금갈색이 나면 제품을 냉각시킨 후 작업대 위에 젖은 면보를 깔고 윗면이 밑으로 가게끔 엎어서 잼을 고루 바르고 밀대로 말아준다.

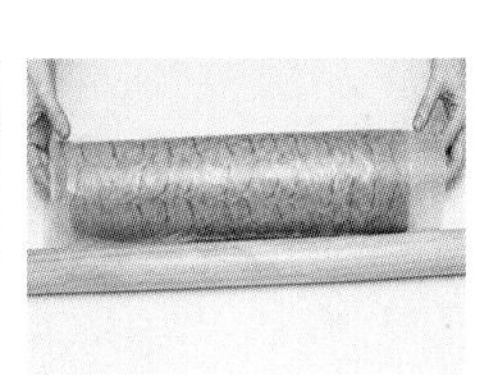

Chiffon Cake

시퐁케이크

시험시간 : 1시간 30분

생산량 : 4개
형태 : 원형(시폰형)
반죽 온도 : 23℃
비중 : 0.45±0.05
제조방법 : 시퐁법

■ 요구 사항

※ 시퐁 케이크(시퐁법)를 제조하여 제출하시오.

1) 배합표의 각 재료를 계량하여 재료별로 진열하시오(10분).
2) 반죽은 시퐁법으로 제조하고 비중을 측정하시오.
3) 반죽 온도는 23℃를 표준으로 하시오.
4) 비중을 측정하시오.
5) 시퐁팬을 사용하여 반죽을 분할하고 굽기하시오.
6) 반죽은 전량 사용하여 성형하시오.

■ 배합표

재료명	비율(%)	무게(g)
박력분	100	400
설탕(A)	65	260
설탕(B)	65	260
노른자	50	200
흰자	100	400
소금	1.5	6
주석산 크림	0.5	2
베이킹파우더	2.5	10
식용유	40	160
물	30	120
계	454.5	1,818

■ 제조 공정

1. 흰자, 노른자를 분리한다.
2. 노른자, 설탕(A), 소금, 향을 거품기로 아이보리색이 될 때까지 믹싱한다.

3. 노른자 크림화(과정2)에 식용유,물을 넣고 덩어리없이 혼합한다.

4. 물기 없는 볼에 흰자와 주석산을 넣고 60% 거품을 낸 다음 설탕(B)를 3회 나누어 넣으면서 90% 정도의 머랭을 완성한다.

5. 흰자머랭과 가루분(박력분, 베이킹파우더)를 3번에 나누어 넣어주면서 머랭이 가라앉지 않게 가볍게 섞어준다.

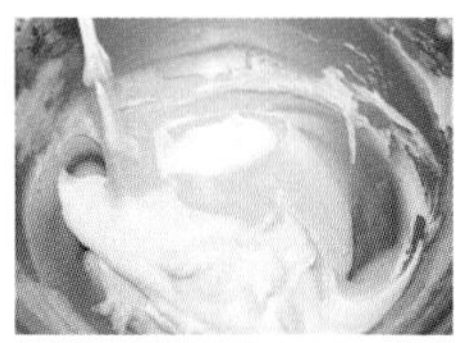

6. **팬닝**

시퐁팬에 분무기로 물을 뿌려 준비한 다음 반죽을 팬 부피의 60~70% 정도 팬닝한다.

7. **굽기**

윗불 180℃ 아랫불 160℃ 25~30분 정도 굽는다.

8. 굽기 후 뒤집어 식혀 제품을 꺼낸다.

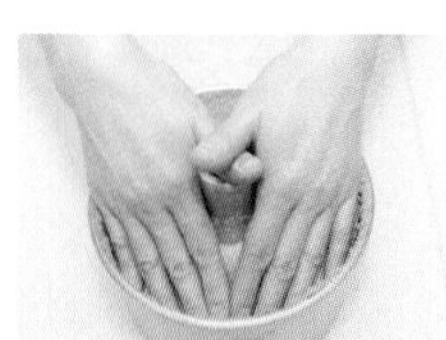
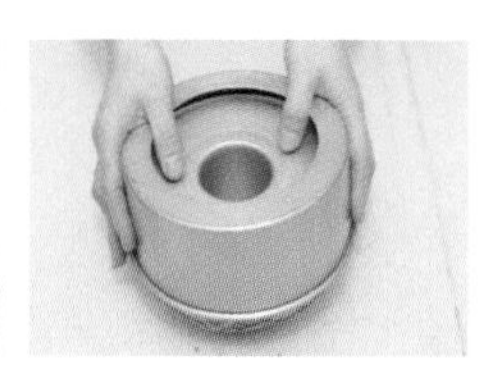

ChocolateMuffin

초코머핀

시험시간 : 1시간 50분

생산량 : 24개
형태 : 컵케이크
반죽 온도 : 24 ℃
제조방법 : 크림법

■ 요구 사항

※ 초코머핀(초코컵 케이크)을 제조하여 제출하시오.

1) 배합표의 각 재료를 계량하여 재료별로 진열하시오(11분).
2) 반죽은 크림법으로 제조하시오.
3) 반죽 온도는 24℃를 표준으로 하시오.
4) 초코칩은 제품의 내부에 골고루 분포되게 하시오.
5) 반죽 분할은 주어진 팬에 알맞은 양으로 반죽을 팬닝하시오.
6) 반죽은 전량을 사용하여 분할하시오

■ 배합표

재료명	비율(%)	무게(g)
박력분	100	500
설탕	60	300
버터	60	300
계란	60	300
소금	1	5
베이킹소다	0.4	2
베이킹파우더	1.6	8
코코아파우더	12	60
물	35	175
탈지분유	6	30
초코칩	36	180
계	372	1860

■ 제조 공정

1. 믹싱볼에 버터를 넣고 거품기로 부드럽게 풀어준 다음 설탕, 소금을 넣고 크림 상태로 만든다.

2. 계란을 3~4회 나누어 넣으면서 연한 크림색이 될 때까지 거품기로 믹싱한다.

3. 체에 내린 가루분(박력분, 베이킹소다, 베이킹파우더, 코코아파우더, 분유) 나무주걱으로 덩어리 없이 가볍게 혼합한다.

4. 물과 초코칩을 넣고 골고루 섞은 후에 반죽을 완성한다.

5. **팬닝**

준비한 머핀 틀에 종이를 깔고 반죽을 짤주머니에 담아 팬 부피에 70~80% 팬닝한 다음 윗면에 초코칩 적당량을 뿌려준다.

6. **굽기**

윗불 180℃,아랫불 160℃로 예열된 오븐에 25~30분간 굽는다.

Madeira Cup Cake

· *Madeira Cup Cake* ·

마데라 컵 케이크

시험시간 : 2시간

생산량 : 24개
형태 : 컵케이크
반죽 온도 : 24℃
제조방법 : 크림법

■ 요구 사항

※ 마데라(컵) 케이크를 제조하여 제출하시오.

1) 배합표의 각 재료를 계량하여 재료별로 진열하시오(9분).
2) 반죽은 크림법으로 제조하시오.
3) 반죽 온도는 24℃를 표준으로 하시오.
4) 반죽 분할은 주어진 팬에 알맞은 양을 팬닝하시오.
5) 적포도주 퐁당을 1회 바르시오.
6) 반죽은 전량을 사용하여 성형하시오.

■ 배합표

재료명	비율(%)	무게(g)
박력분	100	400
버터	85	340
설탕	80	320
소금	1	4
계란	85	340
베이킹파우더	2.5	10
건포도	25	100
호두	10	40
적포도주	30	120
계	418.5	1674
분당	20	80
적포도주	5	20

■ 제조 공정

1. 믹싱볼에 버터를 거품기로 부드럽게 풀어준 다음 설탕, 소금을 넣고 크림 상태로 만든다.

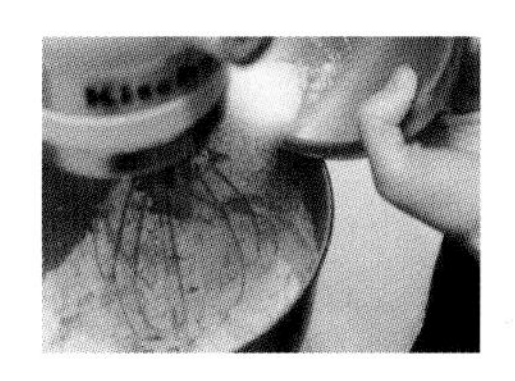

2. 계란을 3~4회 나누어 넣으면서 부드러운 크림 상태로 한다.

3. 호두분태, 건포도에 밀가루를 넣고 살짝 섞는다.

4. 과정(2)에 체에내린 박력분, 베이킹파우더, 적포도주를 넣고 반죽을 완성한다.

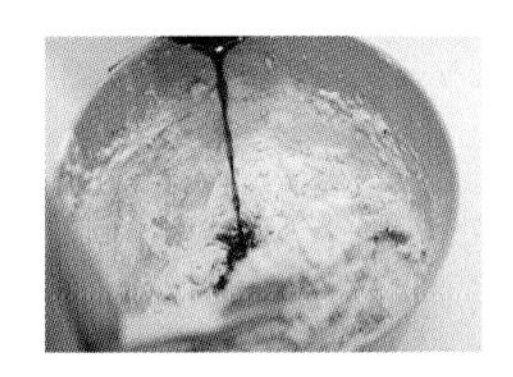

5. 과정(4)에 과정(3)을 넣고 혼합한다.

6. **팬닝**

   머핀팬이나 은박지 컵에 컵 유산지를 넣고 80% 정도 반죽을 담는다.

7. **굽기**

   윗불 190℃ 아랫불 170℃ 25~30분 정도 굽는다.

8. 구워진 머핀 윗면에 분당과 적포도주를 섞어 만든 시럽을 발라준 후 오븐에 넣고 2분 정도 더 구워준다.

Devil's Food Cake

데블스푸드케이크

시험시간 : 1시간 50분

생산량 : 4개
형태 : 지름 21cm 원형
반죽 온도 : 23℃
비중 : 0.8±0.05
제조방법 : 블렌딩법

■ 요구 사항

※ 데블스 푸드 케이크를 제조하여 제출하시오.

1) 배합표의 각 재료를 계량하여 재료별로 진열하시오(11분).
2) 반죽은 블렌딩법으로 제조하시오.
3) 반죽 온도는 23℃를 표준으로 하시오.
4) 반죽의 비중을 측정하시오.
5) 제시한 팬에 알맞도록 분할하시오.
6) 반죽은 전량을 사용하여 성형하시오.

■ 배합표

재료명	비율(%)	무게(g)
박력분	100	600
설탕	110	660
쇼트닝	50	300
계란	55	330
탈지분유	11.5	69
물	103.5	621
베이킹파우더	3	18
유화제	3	18
바닐라 향	0.5	3
소금	2	12
코코아파우더	20	120
계	458.5	2751

■ 제조 공정

1. 믹싱볼에 체에 내린 박력분과 쇼트닝을 넣고 거품기로 콩알만 한 크기가 될 때까지 믹싱한다.

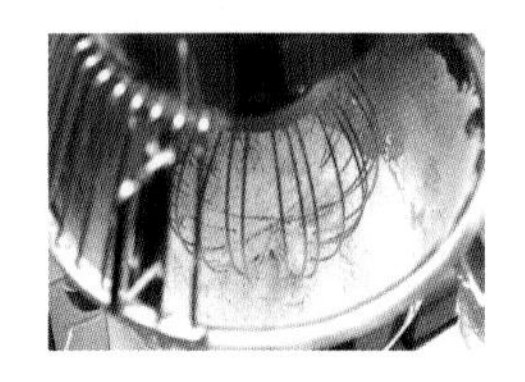

2. 설탕, 소금, 유화제, 코코아파우더, 베이킹파우더, 향, 분유를 넣고 저속으로 잘 섞는다.

3. 계란을 3~4회 나누어 넣으면서 부드러운 크림 상태로 한다.

4. 과정(3)을 고속으로 믹싱하여 연한 갈색이 될 때까지 믹싱한다.

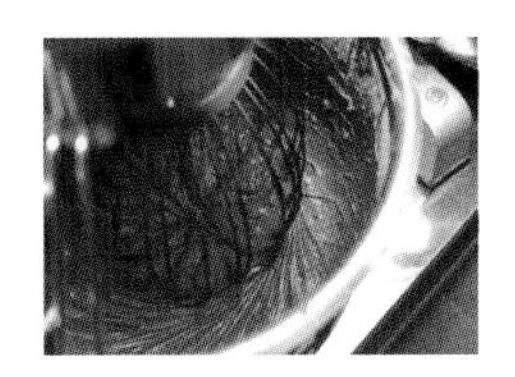

5. 물은 2/3(400)을 넣고 저속으로 믹싱한다.

6. 나머지 물 1/3을 넣고 가볍게 마무리 한다.

7. **팬닝**

   미리 재단해 놓은 원형팬에 반죽을 60% 정도 팬닝한다.

8. **굽기**

   윗불 170℃, 아랫불 160℃에 30~ 35분간 굽는다.

   (반죽이 진한 코코아색이므로 설익은 상태에서 꺼내지 않도록 주의한다.)

Brownie

브라우니

시험시간 : 1시간 50분

생산량 : 2개
형태 : 지름 21cm 원형
반죽 온도 : 27℃

■ 요구 사항

※ **브라우니를 제조하여 제출하시오.**

1) 배합표의 각 재료를 계량하여 재료별로 진열하시오(9분).
2) 브라우니는 수작업으로 반죽하시오.
3) 버터와 초콜릿을 함께 녹여서 넣는 1단계 변형 반죽법으로 하시오.
4) 반죽 온도는 27℃를 표준으로 하시오.
5) 반죽은 전량을 사용하여 성형하시오.
6) 3호 원형팬 2개에 패닝하시오.
7) 호두의 반은 반죽에 사용하고 나머지 반은 토핑하며, 반죽 속과 윗면에 골고루 분포되게 하시오(호두는 구워서 사용).

■ 배합표

재료명	비율(%)	무게(g)
중력분	100	300
계란	120	360
설탕	130	390
소금	2	6
버터	50	150
다크초콜릿	150	450
코코아파우더	10	30
바닐라 향	2	6
호두	50	150
계	614	1842

■ 제조 공정

1. 볼에 계란, 설탕, 소금을 넣고 거품기로 잘 풀어준다.

2. 중탕한 버터(60℃), 다크 초콜릿을 넣고 거품기로 고루 섞어준다.

3. 체에 내린 박력분, 향, 코코아파우더를 넣고 덩어리 없이 섞어준다.

4. 구운 호두 분태(75g)를 반죽에 혼합하여 완성한다.

5. **팬닝**

팬에 반죽을 60% 정도 채운 다음, 나머지 호두 75g를 반죽 윗면에 뿌려준다.

6. **굽기**

윗불 170℃,아랫불 160℃에 40~45분간 굽는다.

(너무 오래 구우면 딱딱하고 식감이 떨어진다.)

Fruit Cake

과일 케이크

시험시간 : 2시간 30분

생산량 : 4개
형태 : 직육면체 사각
반죽 온도 : 23℃
제조방법: 별립법

■ 요구 사항

※ 과일케이크를 제조하여 제출하시오.

1) 배합표의 각 재료를 계량하여 재료별로 진열하시오(13분).
2) 반죽은 별립법으로 제조하시오.
3) 반죽 온도는 23℃를 표준으로 하시오.
4) 제시한 팬에 알맞도록 분할하시오.
5) 반죽은 전량을 사용하여 성형하시오.

■ 배합표

재료명	비율(%)	무게(g)
박력분	100	500
설탕	90	450
마가린	55	275
계란	100	500
우유	18	90
베이킹파우더	1	5
소금	1.5	(8)
건포도	15	75
체리	30	150
호두	20	100
오렌지 필	13	65
럼주	16	80
바닐라	0.4	2
계	459.9	2,300

■ 제조 공정

1. 호두, 다진 체리, 건포도, 오렌지 필을 럼주를 넣고 전처리해둔다.
2. 볼에 마가린을 넣고 거품기로 부드럽게 풀어준 다음 설탕, 소금을 넣고 크림 상태로 한다.

3. 노른자를 조금씩 부어주면서 연한 아이보리색이 될 때까지 크림화시킨다.

4. 물기 없는 볼에 흰자를 넣고 설탕을 3회 정도 나누어 넣으면서 머랭을 90% 정도 만든다.

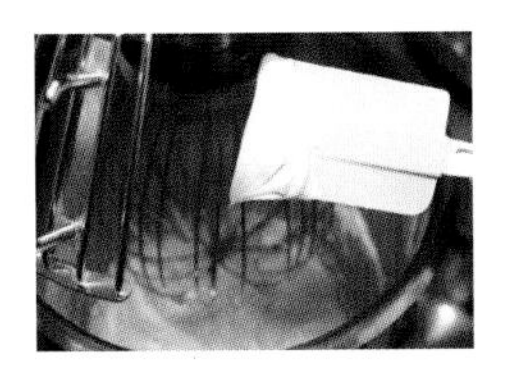

5. 과정(3), 과정(1)을 넣고 섞는다.

6. 체에 내린 박력분, 베이킹파우더, 향을 넣고 나무주걱으로 덩어리 없이 섞어준 다음 머랭 1/3과 충전물을 넣고 혼합한다.

7. 위의 반죽에 우유를 넣고 나머지 머랭을 넣고 혼합하여 반죽을 완성한다.

8. **팬닝**

준비한 팬에 60% 정도 채운 다음 고무주걱으로 가운데 부분을 움푹 파서 양쪽 끝 부분은 반죽이 올라오게 한다.

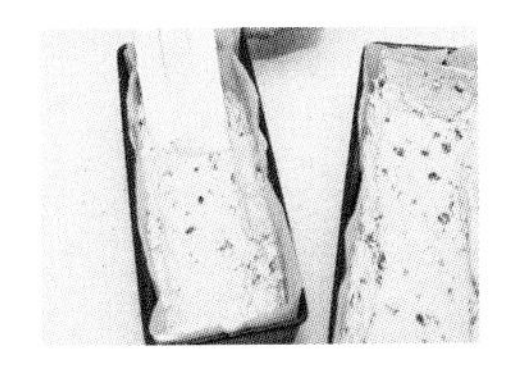

9. **굽기**

윗불 175℃, 아랫불 160℃에 40~45분간 굽는다.

Apple Pie

사과파이

시험시간 : 2시간 30분

생산량 : 8개
형태 : 원형
지름 : 10cm 원형 파이

■ 요구 사항

※ 사과파이를 제조하여 제출하시오.

1) 껍질 재료를 계량하여 재료별로 진열하시오(6분).
2) 껍질에 결이 있는 제품으로 제조하시오.
3) 충전물은 개인별로 각자 제조하시오.
4) 제시한 팬에 맞도록 위 껍질이 있는 파이로 만드시오.
5) 반죽은 전량을 사용하여 성형하시오.

■ 배합표

• 껍질

재료명	비율(%)	무게(g)
중력분	100	400
설탕	3	12
소금	1.5	6
쇼트닝	55	220
탈지분유	2	8
냉수	35	140
계	196.5	786

• 충전물

재료명	비율(%)	무게(g)
사과	100	900
설탕	18	162
소금	0.5	4.5
계핏가루	1	9
옥수수 전분	8	72
물	50	450
계	179.5	1615.5

■ 제조 공정

1. 체에 내린 중력분, 분유, 소금을 고루 섞은 다음 그 위에 쇼트닝을 올려 스크레퍼로 잘게 다진다.

2. 과정(1)이 바슬바슬한 상태로 완성되면 중앙에 홈을 만들어 물을 넣고 한 덩어리가 되도록 반죽한 다음 냉장고에 30분 정도 휴지시킨다.

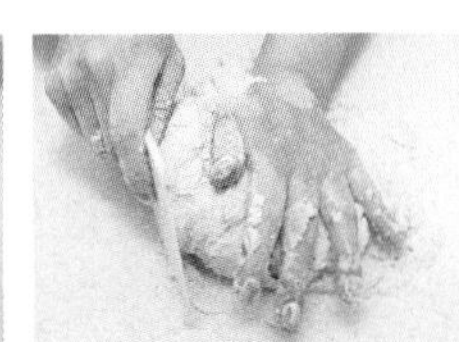

3. **충전물 만들기**

① 사과껍질을 벗겨 깍두기 모양으로 썰어 설탕물에 담가 놓는다.

② 볼에 설탕, 소금, 계핏가루, 옥수수 전분, 물을 넣고 거품기로 저어주면서 끓인다.

③ 불에 내려 버터를 넣어준 다음 냉각시킨다.

④ 준비한 사과를 체에 밭쳐 물기를 완전히 제거한 후 완성된 충전물과 고루 섞어준다.

4. 팬에 쇼트닝을 얇게 바른 다음 휴지시킨 반죽을 0.5cm 두께로 일정하게 밀어 펴서 파이 팬에 올려 마무리한다. (팬에 반죽이 너무 얇을 경우는 팬에서 꺼낼 때 바닥이 부서지기 쉽다.)

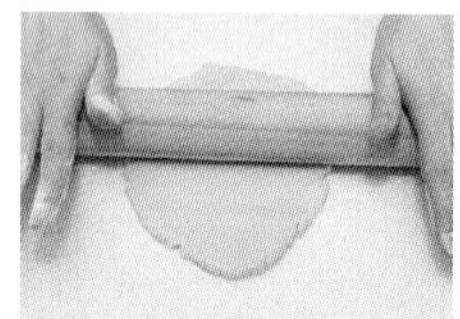
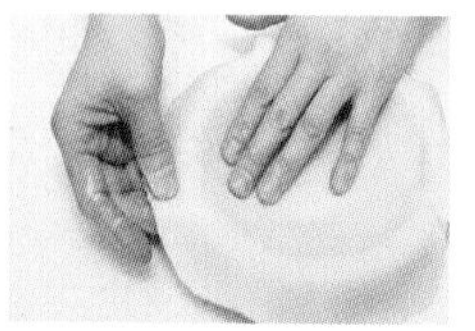

5. 바닥에 포크로 구멍을 낸 다음 준비해둔 충전물을 채운다.

6. 붓으로 팬 테두리부분에 흰자를 발라준다.
7. 윗면에 격자무늬로 모양을 낸 다음 붓으로 노른자를 골고루 발라준다.

8. **굽기**

윗불 180℃, 아랫불 180℃에 20~30분 정도 굽는다.

Glutinous Rice Doughnut

• *Glutinous Rice Doughnut* •

찹쌀도넛

시험시간 : 1시간 50분

생산량 : 29개
형태 : 구형
제조방법 : 1단계법, 익반죽
반죽 온도 : 35℃

■ **요구 사항**

※ **찹쌀도넛을 제조하여 제출하시오.**

1) 배합표의 각 재료를 계량하여 재료별로 진열하시오(8분).
2) 반죽은 1단계법, 익반죽으로 제조하시오.
3) 반죽 1개의 분할 무게는 40g, 팥앙금 무게는 30g으로 제조하시오.
4) 반죽은 전량을 사용하여 성형하시오.
5) 기름에 튀겨낸 뒤 설탕을 묻히시오.

■ **배합표**

재료명	비율(%)	무게(g)
찹쌀가루	85	510
중력분	15	90
설탕	15	90
소금	1	6
베이킹파우더	2	12
베이킹소다	0.5	3
쇼트닝	6	36
물	22~26	132~156
계	146.5~149.5	879~897
통팥앙금	110	660
설탕	20	120

■ **제조 공정**

1. 전 재료를 믹싱볼에 넣어 뜨거운 물을 부어 익반죽한다. (반죽 표면이 매끄러운 상태)
2. 반죽을 40g씩 분할하고, 팥앙금 30g씩 분할한다.
3. 반죽에 앙금을 싸서 미리 예열한 기름(185℃)에 반죽을 돌려가면서 7~8분간 튀긴다.
4. 냉각판 위에 위생지를 깔고 튀긴 도넛의 기름을 제거한 다음 설탕에 묻혀준다.

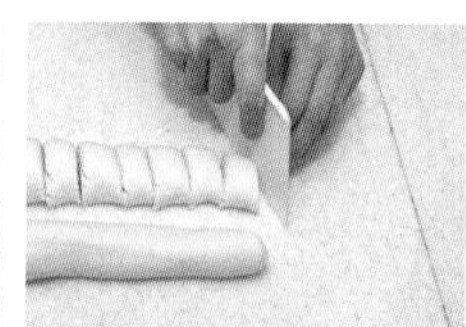
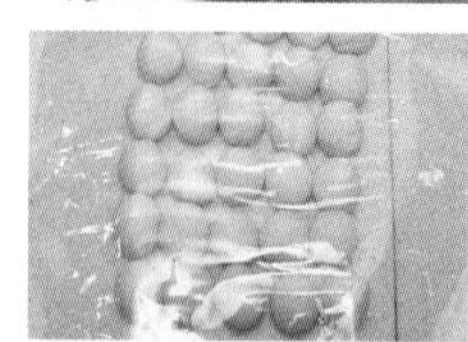
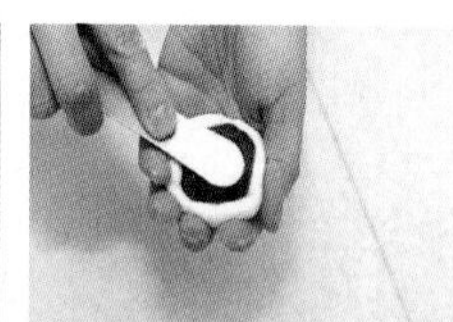

Choux Cream

슈크림

시험시간 : 2시간

생산량 : 4철판
형태 : 지름 5cm 원형
제조방법 : 손 반죽

■ 요구 사항

※ 슈를 제조하여 제출하시오.

1) 배합표의 껍질 재료를 계량하여 재료별로 진열하시오(5분).
2) 껍질 반죽은 수작업으로 하시오.
3) 반죽은 직경 3cm 전후의 원형으로 짜시오.
4) 껍질에 알맞은 양의 크림을 넣어 제품을 완성하시오.
5) 반죽은 전량을 사용하여 성형하시오.

■ 배합표

재료명	비율(%)	무게(g)
물	125	325
버터	100	260
소금	1	2
중력분	100	260
계란	200	520
계	526	1,367
충전용 크림	500	1,300

■ 제조 공정

1. 냄비에 물, 소금, 버터를 넣고 팔팔 끓인다.

2. 체에 내린 중력분을 넣고 덩어리 지지 않도록 주걱으로 충분히 섞어준다.
   (바닥이 얇은 막이 생길 때까지 섞어준다.)

3. 위의 반죽을 볼에 옮겨 계란을 1개씩 넣어주면서 반죽을 완성한다.

(주걱으로 들었을 때 끝이 뾰족하게 되직하게 흐르는 상태)

4. **팬닝**

짤주머니에 원형깍지(1cm)를 끼워 반죽을 담아 평철판에 지름 3cm 정도 원형 모양으로 짜준다.

5. 팬닝한 반죽위에 분무기로 물을 뿌려준다.

6. **굽기**

윗불 200℃, 아랫불 200℃에서 20분 정도 구운 다음 150℃로 낮추어 20~30분 정도 더 굽는다.

7. 준비한 크림을 슈 안에 80~90% 정도 채운다.

타르트

시험시간 : 2시간 20분

생산량 : 8개
형태 : 주름 원형
제조 방법 : 크림법

■ 요구 사항

※ 타르트를 제조하여 제출하시오.

1) 배합표의 반죽용 재료를 계량하여 재료별로 진열하시오(5분).
   (토핑 등의 재료는 휴지 시간을 활용하시오.)
2) 반죽은 크림법으로 제조하시오.
3) 반죽 온도는 20℃를 표준으로 하시오.
4) 반죽은 냉장고에서 20~30분 정도 휴지를 주시오.
5) 반죽은 두께 3mm 정도 밀어 펴서 팬에 맞게 성형하시오.
6) 아몬드크림을 제조해서 팬(∅10~12cm) 용적에 60~70% 정도 충전하시오.
7) 아몬드 슬라이스를 윗면에 고르게 장식하시오.
8) 8개를 성형하시오.
9) 광택제로 제품을 완성하시오.

■ 배합표

• 반죽

재료명	비율(%)	무게(g)
박력분	100	400
계란	25	100
설탕	26	104
버터	40	160
소금	0.5	2
계	191.5	766

• 크림

재료명	비율(%)	무게(g)
아몬드 분말	100	250
설탕	90	225
버터	100	250
계란	65	162.5
브랜디	12	30
계	367	917.5
아몬드 슬라이스	66.6	100

• 광택제 및 토핑

재료명	비율(%)	무게(g)
에프리코트혼당	100	150
물	40	60
계	140	210

■ 제조 공정

1. 볼에 거품기로 버터를 크림화시킨 후 설탕, 소금을 넣어 섞은 다음 계란을 넣어 섞어준다.

2. 체에 내린 박력분을 주걱으로 가볍게 혼합하여 반죽을 비닐에 싸서 냉장고에 20분 정도 휴지시킨다.

  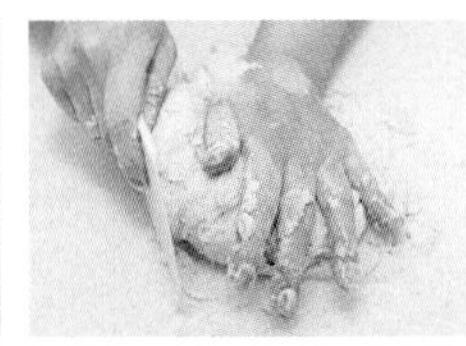 

3. **아몬드크림(충전물)**

버터를 거품기로 부드럽게 풀어준 후 설탕, 계란, 아몬드 분말, 브랜디를 넣고 크림 상태로 만든다.

4. **팬닝**

반죽을 3mm 두께로 밀어 펴서 타르트팬 위에 반죽을 올려 완성한다.

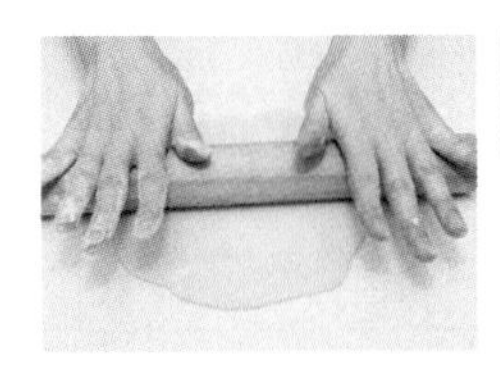  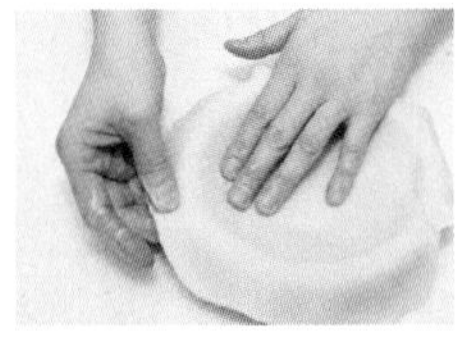 

5. 아몬드크림을 타르트 틀 안에 70% 정도 채운다.

6. 윗면에 아몬드 슬라이스를 고르게 뿌려준다.

7. **굽기**

윗불 180℃, 아랫불 180℃에 20~25분간 구워준다.

8. **마무리**

냄비에 에프리코트 혼당, 물을 넣고 바글바글 끓인 후 붓으로 완성된 타르트 윗면에 마무리 한다.

Butter Cookies

버터 쿠키

시험시간 : 2시간

생산량 : 3철판
형태 : 원형, S형
제조방법 : 크림법

■ 요구 사항

※ 버터 쿠키를 제조하여 제출하시오.

1) 배합표의 각 재료를 계량하여 재료별로 진열하시오(6분).
2) 반죽은 크림법으로 수작업하시오.
3) 반죽 온도는 22℃를 표준으로 하시오.
4) 별모양깍지를 끼운 짤주머니를 사용하여 감독위원이 요구하는 2가지 이상의 모양짜기를 하시오.
5) 반죽은 전량을 사용하여 성형하시오.

■ 배합표

재료명	비율(%)	무게(g)
박력분	100	400
버터	70	280
설탕	50	200
소금	1	4
계란	30	120
바닐라 향	0.5	2
계	251.5	1006

■ 제조 공정

1. 볼에 버터, 설탕, 소금을 넣고 거품기로 부드럽게 크림 상태로 만든다.
2. 계란을 1개씩 넣으면서 크림 상태로 만든다.

3. 체에 내린 박력분, 향을 넣고 주걱으로 가볍게 혼합한다.

4. **팬닝**

별모양깍지를 낀 짤주머니에 반죽을 채워 2가지 모양으로 팬닝한다.
S자형은 가로 7~8개, 세로 4줄로 엇갈리게 팬닝한다.
원형(장미형)은 가로 7~8개, 세로 5~6줄로 지름 3cm 크기로 엇갈리게 팬닝한다.

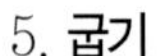

5. **굽기**

윗불 180℃, 아랫불 140℃에 10~15분 정도 굽는다.

쇼트브레드쿠키

시험시간 : 2시간

생산량 : 3개 철판
형태 : 원형(주름 원형)
제조방법 : 크림법

■ 요구 사항

※ 쇼트브레드 쿠키를 제조하여 제출하시오.

1) 배합표의 각 재료를 계량하여 재료별로 진열하시오(9분).
2) 반죽은 크림법으로 제조하시오.
3) 반죽 온도는 20℃를 표준으로 하시오.
4) 제시한 정형기를 사용하여 정형하시오.
5) 반죽은 전량을 사용하여 성형하시오.
6) 계란 노른자 칠을 하여 무늬를 만드시오.

■ 배합표

재료명	비율(%)	무게(g)
박력분	100	600
버터	33	198
쇼트닝	33	198
설탕	35	210
소금	1	6
물엿	5	30
계란	10	60
노른자	10	60
바닐라 향	0.5	3
계	227.5	1365

■ 제조 공정

1. 버터를 거품기로 부드럽게 풀어준 다음 설탕, 소금을 넣고 크림화시킨다.

2. 계란, 노른자를 조금씩 넣으면서 충분히 크림화시킨다.

3. 체에 내린 박력분을 넣고 주걱으로 혼합한 후 비닐에 싸서 냉장고에 20~30분 정도 휴지시킨다. (반죽 온도 20℃)

4. 반죽을 0.5cm 두께로 밀어 펴 정형기로 찍는다.

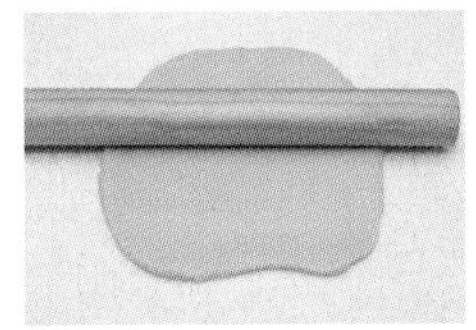

5. **팬닝**

한 철판에 20~24개 정도 팬닝한 후 노른자를 얇게 2번 정도 바른다.

윗면에 포크로 격자무늬나 물결무늬로 모양을 낸다.

6. **굽기**

윗불 190℃, 아랫불 140℃에 10~15분 정도 굽는다.

Madeleine

마드레느

시험시간 : 1시간 50분

생산량 : 3철판
형태 : 조개 모양
제조 방법 :
수작업(1단계법)
반죽 온도 : 24℃

■ 요구 사항

※ 마드레느를 제조하여 제출하시오.

1) 배합표의 각 재료를 계량하여 재료별로 진열하시오(7분).
2) 마드레느는 수작업으로 하시오.
3) 버터를 녹여서 넣는 1단계법(변형) 반죽법을 사용하시오.
4) 반죽 온도는 24℃를 표준으로 하시오.
5) 실온에서 휴지를 시키시오.
6) 제시된 팬에 알맞은 반죽량을 넣으시오.
7) 반죽은 전량을 사용하여 성형하시오.

■ 배합표

재료명	비율(%)	무게(g)
박력분	100	400
베이킹파우더	2	8
설탕	100	400
계란	100	400
레몬껍질	1	4
소금	0.5	2
버터	100	400
계	403.5	1614

■ 제조 공정

1. 버터를 볼에 담아 중탕한다.
2. 체에 내린 박력분, 계란, 베이킹파우더, 소금, 설탕을 넣고 거품기로 섞는다.
3. 가루분에 계란을 넣어 혼합한 후 중탕한 버터와 레몬 껍질을 넣어준다.
4. 완성된 반죽을 윗면이 마르지 않도록 비닐을 덮어 실온에서 20~30분 정도 휴지시킨다.
5. **팬닝**

   마들렌 틀에 중탕한 유지를 바른 후 반죽을 짤주머니에 넣어 80% 정도 팬닝한다.
6. **굽기**

   윗불 190℃,아랫불 160℃에 15~20분 정도 황금갈색이 나도록 굽는다.

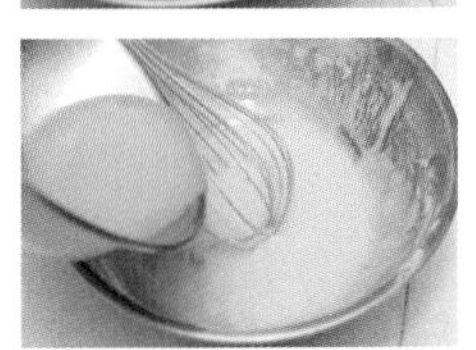

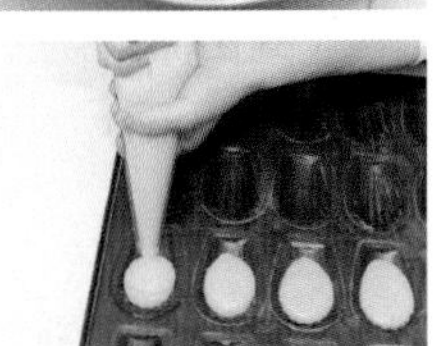

Chestnut Bun

밤과자

시험시간 : 3시간

생산량 : 36개
형태 : 밤 모양
제조 방법 : 수작업
반죽 온도 : 20℃

■ 요구 사항

※ 밤과자를 제조하여 제출하시오.

1) 배합표의 각 재료를 계량하여 재료별로 진열하시오(10분).
2) 반죽은 중탕하여 냉각시킨 후 반죽 온도는 20℃를 표준으로 하시오.
3) 반죽 분할은 20g씩 하고, 앙금은 45g으로 충전하시오.
4) 제품 성형은 밤 모양으로 하고 윗면은 계란 노른자와 캐러멜 색소를 이용하여 광택제를 칠하시오.
5) 반죽은 전량을 사용하여 성형하시오.

■ 배합표

재료명	비율(%)	무게(g)
박력분	100	300
계란	45	135
설탕	60	180
물엿	6	18
연유	6	18
베이킹파우더	2	6
버터	5	15
소금	1	3
계	225	675
흰 앙금	525	1575
참깨	13	39

■ 제조 공정

1. 볼에 계란을 넣고 거품이 일지 않게 주걱으로 풀어준다.
2. 설탕, 소금, 버터, 연유, 물엿을 넣고 중탕(60℃)으로 데워가면서 설탕 입자를 완전히 녹인다.

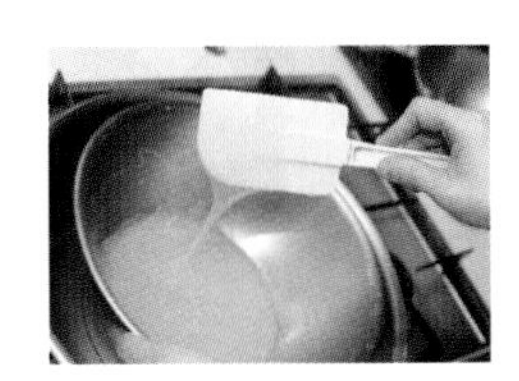

3. 과정(2)를 찬물 위나 냉장고에 넣어 20℃까지 냉각시킨다.

4. 체에 내린 박력분, 베이킹파우더를 주걱으로 가볍게 섞어 한 덩어리가 되면 반죽을 비닐에 싸서 냉장고에 30분 정도 휴지시킨다.

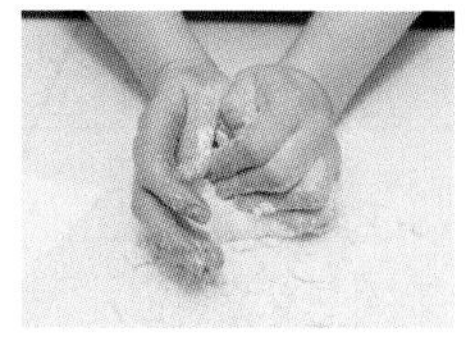

5. 반죽(20g), 앙금(45g)을 각각 분할한다.

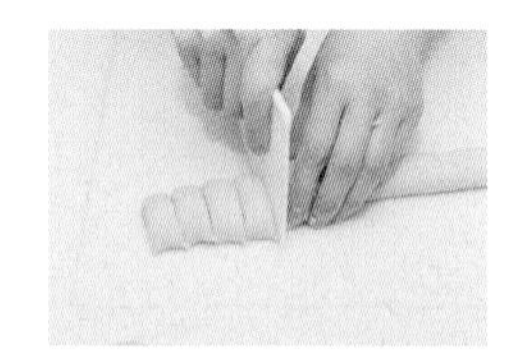

6. **성형**

밤 모양으로 성형한 다음 아랫부분에 물을 묻힌 후 참깨를 묻힌다.

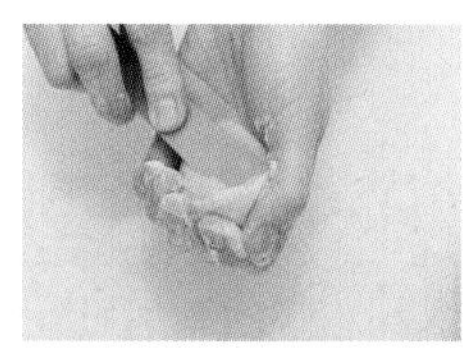

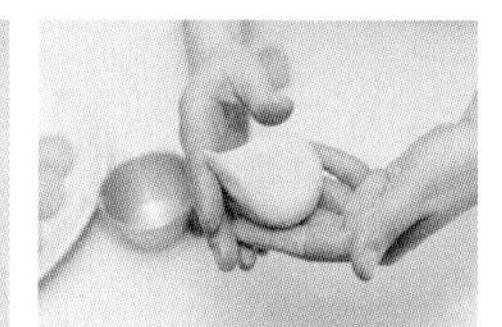

7. 평철판에 15개씩 팬닝한 후 분무기로 물을 뿌려 덧가루를 제거하고 건조시킨다.
8. 윗면에 노른자와 캐러멜 색소를 섞어 2회 정도 바른다.

9. **굽기**

윗불 180℃, 아랫불 140℃에 25~30분 정도 굽는다.

· *Dacquoise* ·

다쿠와즈

시험시간 : 1시간 50분

생산량 : 2팬
형태 : 평평한 타원형
제조 방법 : 머랭법

■ 요구 사항

※ 다쿠와즈를 제조하여 제출하시오.

1) 배합표의 각 재료를 계량하여 재료별로 진열하시오(5분).
2) 머랭을 사용하는 반죽을 만드시오.
3) 표피가 갈라지는 다쿠와즈를 만드시오.
4) 다쿠와즈 2개를 크림으로 샌드하여 1조의 제품으로 완성하시오.
5) 반죽은 전량을 사용하여 성형하시오.

■ 배합표

재료명	비율(%)	무게(g)
계란 흰자	100	330
설탕	30	99
아몬드 분말	60	198
분당	50	165
박력분	16	52.8
계	256	844.8
샌드용 크림	66	217.8

■ 제조 공정

1. 아몬드 분말과 박력분, 슈거파우더는 각각 체 쳐 한 볼에 거품기로 혼합한다.
2. 흰자 머랭은 설탕을 3회 나누어 넣으면서 90~100% 정도 단단한 머랭을 만든다.

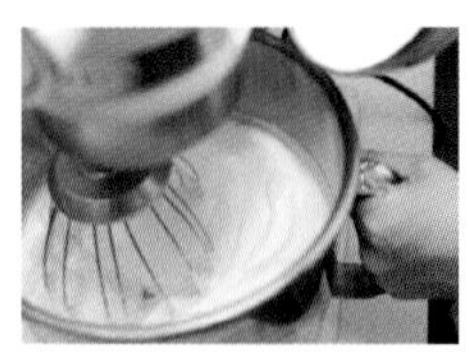

3. 완성된 머랭에 가루 재료를 2회 나누어 넣으면서 머랭이 가라앉지 않게 주걱으로 가볍게 덩어리 없이 섞어준다.

4. 완성된 반죽은 1cm 원형깍지를 낀 짤주머니에 넣어 팬닝한다.

5. **팬닝**

평철판에 실리콘 페이퍼를 깔고 다쿠와즈팬을 올려 반죽을 채운 다음 스크레퍼를 이용하여 표면을 고르게 한 후 슈거파우더를 뿌린다.

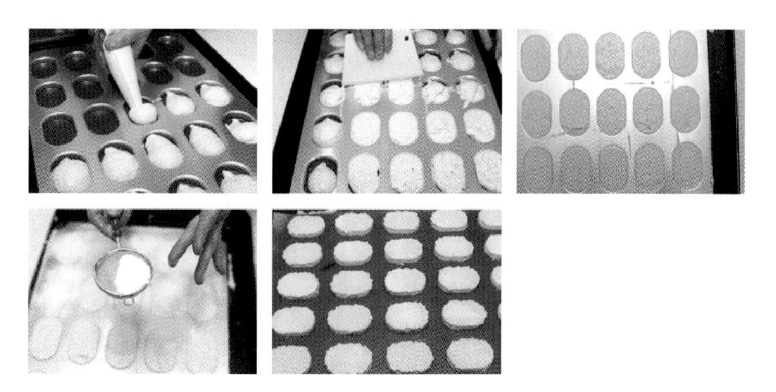

6. **굽기**

윗불 190℃, 아랫불 160℃에 15~20분 정도 구워준다.

7. **마무리**

완성된 제품은 냉각시킨 후 샌드용 크림을 발라 완성한다.

Puff Pastry

퍼프 페이스트리

시험시간 : 3시간 30분

생산량 : 64개
형태 : 나비모양
제조방법 :
스트레이트법

■ 요구 사항

※ 퍼프 페이스트리를 제조하여 제출하시오.

1) 배합표의 각 재료를 계량하여 재료별로 진열하시오(6분).
2) 반죽은 스트레이트법으로 제조하시오.
3) 반죽 온도는 20℃를 표준으로 하시오.
4) 접기와 밀어 펴기는 3겹 접기 4회로 하시오.
5) 정형은 감독위원의 지시에 따라 하고 평철판을 이용하여 굽기를 하시오.
6) 반죽은 전량을 사용하여 성형하시오.

■ 배합표

재료명	비율(%)	무게(g)
강력분	100	800
계란	15	120
마가린	10	80
소금	1	8
찬물	50	400
충전용 마가린	90	720
계	266	2,128

■ 제조 공정

1. 믹싱볼에 유지를 제외한 강력분, 소금, 계란, 찬물을 넣고 저속으로 믹싱한다.

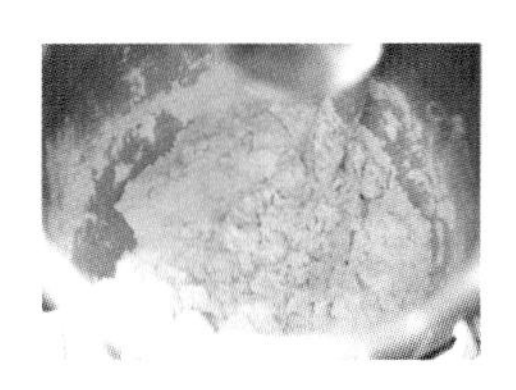

2. 클린업 상태가 되면 고속으로 믹싱하여 최종 단계 전(80~90%)까지 믹싱한다. (반죽 온도 20℃)

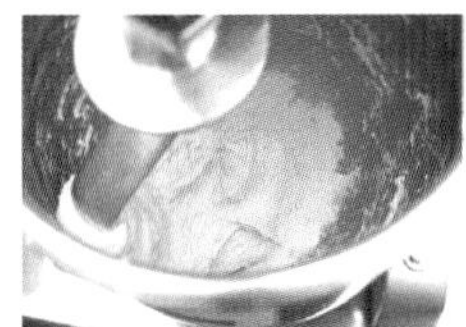

3. 믹싱이 완료되면 반죽을 사각으로 비닐에 싸서 냉장고에 30분 정도 휴지시킨다.

4. **충전용 마가린 싸기**

충전용 마가린을 비닐에 넣어 일정한 두께, 크기로 밀어 정사각형을 만든다.

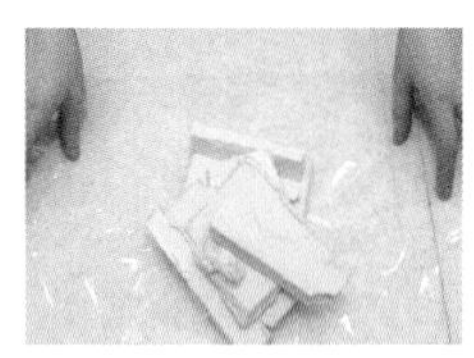

5. **밀어 펴기와 접기**

휴지시킨 반죽을 꺼내 충전용 마가린을 넣고 싼다.

이음새를 꼼꼼히 여며준 후 모서리가 직각이 되도록 밀어 편 후 3겹 접기를 실시한다.

냉장고에 30분 정도 휴지-밀어 펴기-3겹 접기 순으로 3절 4회를 실시한다.

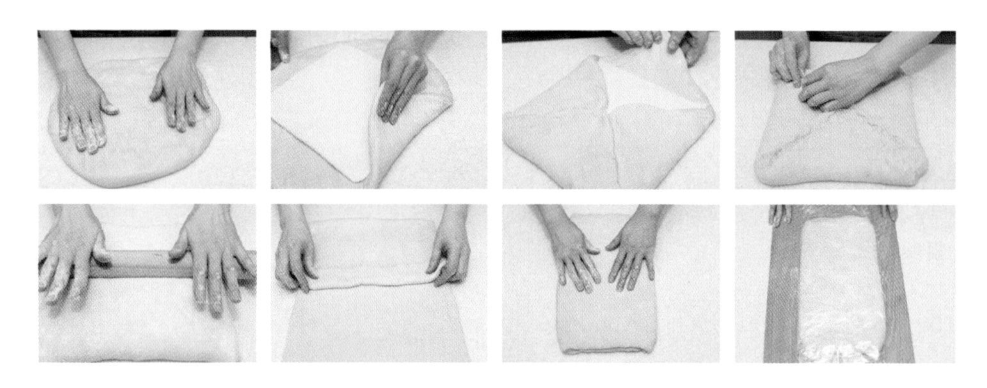

(냉장휴지 시간을 충분히 해야 밀어펴기를 할 때 유지와 반죽이 같은 탄성으로 밀어펴기를 할 수 있다.)

6. **반죽 재단**

세로 길이를 25cm 맞추어 반죽 두께 0.8~1cm로 전체 반죽 크기를 맞춘다.

위, 아래 가로 0.5cm씩 파이 칼로 자른다.

가로 4cm, 세로 12cm로 재단한다.

양끝을 잡고 가운데를 비틀어 나비넥타이 모양을 만든다. (두 번을 비틀어 줄때 중심 부분이 풀리지 않게 꼭 비틀어 준다.)

  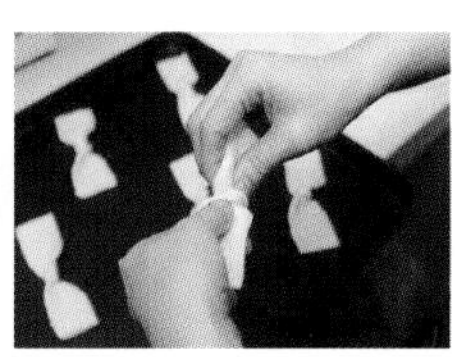

7. **팬닝**

평철판에 팬닝 후 분무기로 물을 뿌려준다.

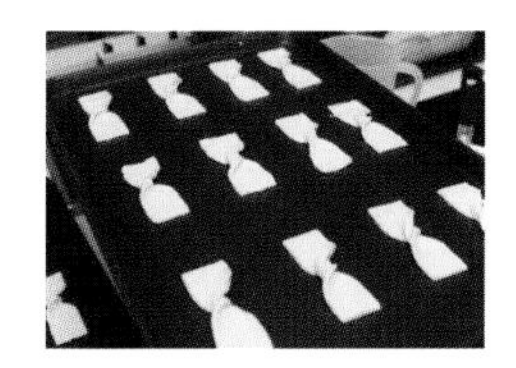

8. **굽기**

윗불 200℃, 아랫불 200℃에 20~30분 정도 굽는다.

■ 주의 사항

- 굽기 중 윗면 색이 70% 이상 나기 전까지 오븐 문을 열지 않도록 한다.
  중간에 오븐 문을 열면 제품의 결이 잘 펴지지 않는다.
- 오븐 예열이 충분하지 않을 경우 층 사이의 유지가 흘러나와 부피 형성이 안된다.

Macaron Cookie

마카롱 쿠키

시험시간 : 2시간 10분

생산량 : 2팬
형태 : 원형
제조 방법 : 머랭법

■ 요구 사항

※ 마카롱 쿠키를 제조하여 제출하시오.

1) 배합표의 각 재료를 계량하여 재료별로 진열하시오(5분).
2) 반죽은 머랭을 만들어 수작업하시오.
3) 반죽 온도는 22℃를 표준으로 하시오.
4) 원형 모양깍지를 끼운 짤주머니를 사용하여 직경 3cm로 하시오.
5) 반죽은 전량을 사용하여 성형하고, 팬 2개를 구어 제출하시오.

■ 배합표

재료명	비율(%)	무게(g)
아몬드 분말	100	200
분당	180	360
계란 흰자	80	160
설탕	20	40
바닐라 향	1	2
계	381	762

■ 제조 공정

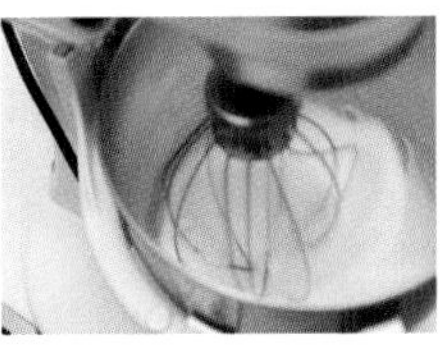

1. 아몬드 분말, 슈거파우더를 각각 체에 내려 거품기로 가볍게 혼합한다.

2. 흰자에 설탕 3회 나누어 넣으면서 머랭 90% 정도 만든다.

3. 머랭에 준비한 가루분을 넣으면서 주걱으로 가볍게 섞는다. (너무 많이 저어주면 머랭이 가라앉아 반죽이 묽어진다.)

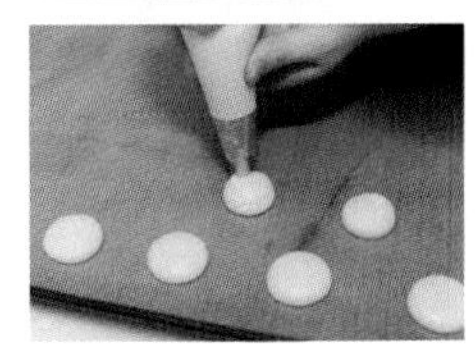

4. **팬닝**

   평철판에 실리콘 페이퍼나 기름을 칠한 다음 원형 깍지(1cm)를 낀 짤주머니에 반죽을 넣어 지름 3cm 정도의 원형으로 짜준다.
   실온에서 30~40분간 충분히 건조시킨다.
   (충분히 건조시켜야 구운 후 윗면이 매끄럽게 광택이 난다.)

5. 윗불 180℃, 아랫불 140℃에 굽는다.

Cheese cake

· *Cheese cake* ·

치즈케이크

시험 시간 : 2시간 30분

생산량 : 20개
형태 : 비중컵모양
제조 방법: 별립법
반죽 온도: 20℃ 0.70

■ 요구 사항

※ 치즈케이크를 제조하여 제출하시오.

1) 배합표의 각 재료를 계량하여 재료별로 진열하시오(9분).
2) 반죽을 별립법으로 제조하시오.
3) 반죽 온도는 20℃를 표준으로 하시오.
4) 반죽의 비중을 측정하시오.
5) 제시한 팬에 알맞도록 분할하시오.
6) 굽기는 중탕으로 하시오.
7) 반죽은 전량을 사용하시오.

■ 배합표

재료명	비율(%)	무게(g)
중력분	80	720
버터	20	180
설탕(A)	45	405
설탕(B)	5	45
달걀	2	18
크림치즈	15	135
우유	10	90
럼주	3	27
레몬주스	15	135
계	1400	1120

■ 제조 공정

1. 비중컵에 부드럽게 풀어 둔 버터를 붓으로 바르고 설탕을 피복시켜 둔다.

2. 크림치즈와 버터는 거품기로 부드럽게 풀고, 설탕 (A)와 노른자를 넣어 섞어 준다.

3. (2)에 럼주, 레몬주스, 우유를 넣고 섞어 준다.

4. 흰자에 설탕 (B)를 3번에 나누어 넣어 90% 정도의 머랭을 완성한다.

5. (3)의 크림치즈 반죽에 (4)의 머랭 1/2을 넣고 섞는다.

6. 체 친 중력분과 나머지 머랭을 넣어 섞는다.

7. 반죽의 비중을 측정한다.

8. **팬닝하기**

반죽을 짤주머니에 담아서 틀의 약 70~80% 정도 팬닝한다.

기공을 제거하기 위하여 컵을 살짝 바닥에 친다.

9. 팬에 팬닝한 컵을 일정한 간격을 놓고, 끓인 물(약 2500g 정도)을 오븐 팬에 1/3만큼 붓는다.

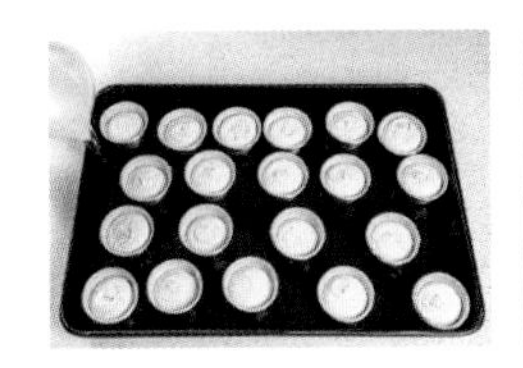
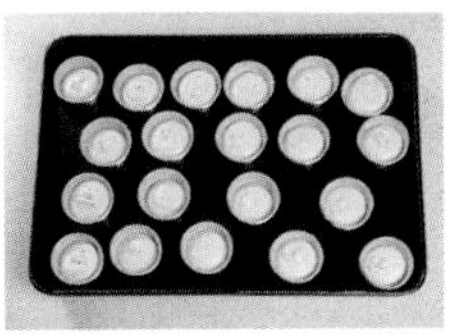

10. **굽기**

윗불 150℃, 아랫불 150℃에서 1시간 정도 굽는다.

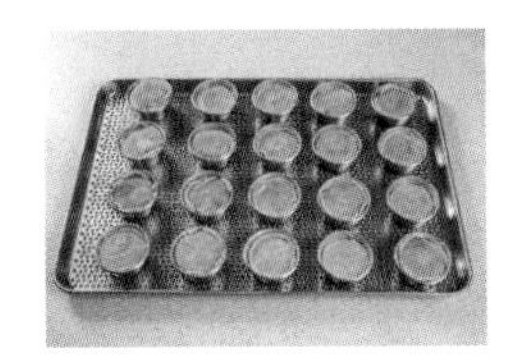

11. **냉각**

오븐에서 꺼낸 후 한 김 식힌 다음 컵에서 조심스럽게 분리한다.

Walnut pie

호두파이

시험 시간 : 2시간 30분

생산량 :
형태 :
제조 방법 : 블랜딩법
반죽 온도 :

■ 요구 사항

※ 호두파이를 제조하여 제출하시오.

1) 껍질 재료를 계량하여 재료별로 진열하시오.(7분)
2) 껍질에 결이 있는 제품으로 제조하시오.
   (손반죽으로 하시오)
3) 껍질 휴지는 냉장 온도에서 실시하시오.
4) 충전물은 개인별로 각자 제조하시오.
   (호두는 구워서 사용)
5) 구운 후 충전물의 층이 선명하도록 제조하시오.
6) 제시한 팬에 맞는 껍질을 제조하시오.
7) 반죽은 전량을 사용하여 성형하시오.

■ 배합표

재료명	비율(%)	무게(g)
중력분	100	400
노른자	10	40
소금	1.5	6
설탕	3	12
생크림	12	48
쇼트닝	40	160
냉수	25	100
계	191.5	766

※ 충전물 (충전물 재료는 계량 시간에서 제외)

재료명	비율(%)	무게(g)
호두	100	250
설탕	100	250
물엿	100	250
계핏가루	1	2.5
물	40	100
달걀	240	600
계	581	1452.5

■ 제조 공정

※ 껍질 반죽하기

1. 작업대 위에 중력분, 설탕, 소금에 쇼트닝을 넣고 스크래퍼로 잘게 다진다.
2. (1)을 중앙에 홈을 파서 생크림과 노른자를 넣고 반죽하여 한 덩어리로 만든다.
3. 반죽은 비닐에 싸서 냉장 휴지 20~30분 정도 시킨다.

※ 충전물 제조

1. 볼에 설탕, 계피, 물, 물엿을 넣고 설탕 입자가 녹을 때 중탕한다.

2. 달걀 멍울을 거품기로 가볍게 풀어준 다음 (1)과 섞어 준다.
3. (2)를 거품, 덩어리를 제거하기 위해 고운 체에 내린다.

※ 성형하기

1. 타르트 틀에 버터를 발라 둔다.

2.휴지시킨 반죽을 두께 0.3~0.5cm로 밀어 편 후 타르트 틀에 성형한다.

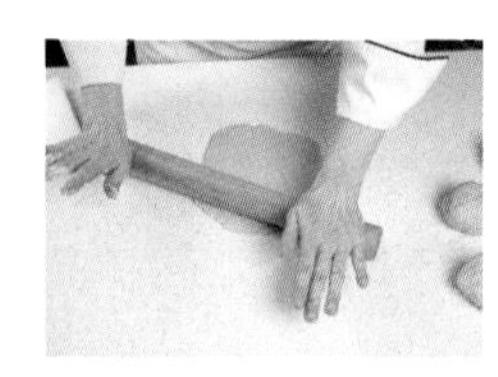
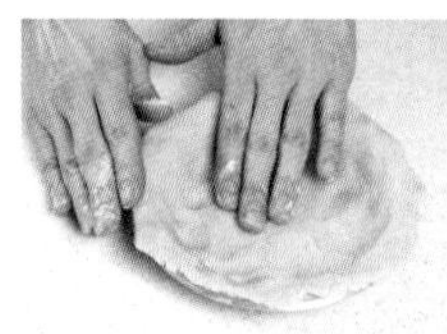
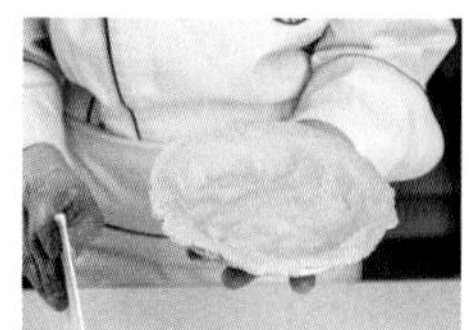
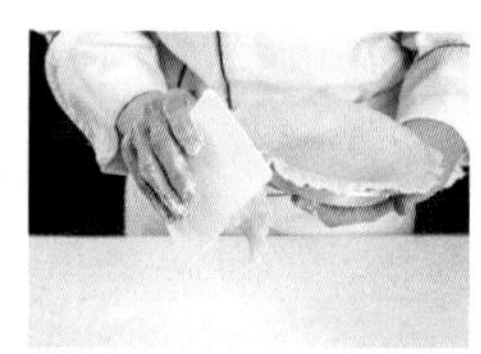

3. (1)에 포크로 구멍을 내고 가장자리에 손가락 끝으로 모양을 만든다.

4. (3) 위에 로스팅한 호두를 넣고 충전물을 70~80% 정도 팬닝한다.

※ **굽기**

윗불 160℃, 아랫불 160℃에 50~60분 정도 구워 틀에서 분리한다.

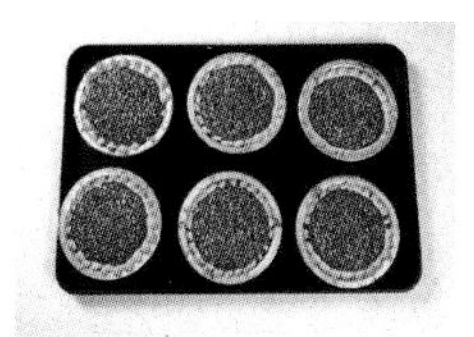

White Pan Bread

식빵

[비상스트레이트법] 시험시간 : 2시간 40분

생산량 : 4개
형태 : 산형(오픈 타입)
제조 방법 :
비상스트레이트법
반죽 온도 : 30℃

■ 요구 사항

※ 식빵(비상스트레이트법)을 제조하여 제출하시오.

1) 배합표의 각 재료를 계량하여 재료별로 진열하시오(8분)
2) 비상스트레이트법 공정에 의해 제조하시오.
(반죽 온도는 30℃로 한다.)
3) 표준 분할 무게는 170g으로 하고, 제시된 팬의 용량을 감안하여 결정하시오. (단, 분할 무게×3을 1개의 식빵으로 함)
4) 반죽은 전량을 사용하여 성형하시오.

■ 배합표

재료명	비율(%)	무게(g)
강력분	100	1200
물	63	756
이스트	4	48
제빵개량제	2	24
설탕	5	60
쇼트닝	4	48
분유	3	36
소금	2	24
계	183	2196

■ 제조 공정

1. 유지를 제외한 가루분을 저속으로 1분 정도 혼합한 다음 물을 넣고 한 덩어리로 믹싱한다.

2. 클린업 상태가 되면 쇼트닝을 넣고 중속 또는 고속으로 글루텐을 최종 단계(120%)까지 믹싱한다.
(글루텐 피막이 얇게 늘어나며, 곱고 매끄러운 상태) (표준 식빵보다 20~25% 정도 더 반죽한다.)

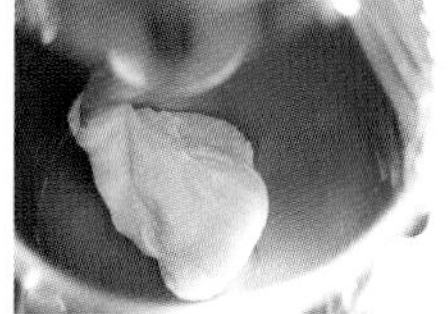

3. **1차 발효**

상태 : 반죽 부피의 2배 정도 크기까지 한다.
발효시간 : 15~30분, 발효실 온도 : 27℃, 발효실 습도 : 75~80%

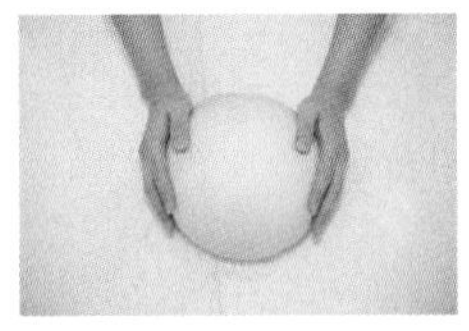

4. **분할, 둥글리기, 중간 발효**

완성된 반죽은 180g씩 분할하여 둥글리기하고 중간 발효 15~20분간 시킨다.
(중간 발효 시간이 짧은 경우 밀어펴기, 성형이 어렵고 과하게 진행되면 반죽이 지치게 된다.)

5. **성형, 팬닝**

반죽을 밀대로 밀어 펴면서 가스를 제거한다.
양면을 가운데로 접어 3겹 접기 말기 후 이음새를 봉하고, 사각 틀에 산형으로 3개씩 넣는다.
(이음새가 바닥 중앙에 오도록 팬닝한다.)

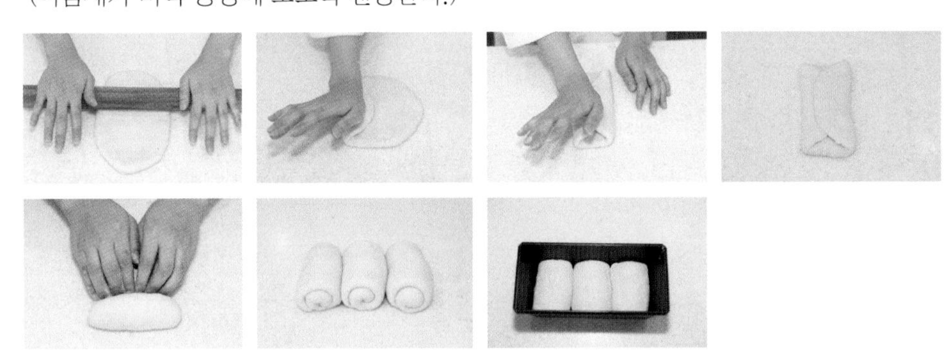

6. **2차 발효**

상태 : 반죽의 제일 높은 부분이 팬 위로 0.5~1cm 정도 올라온 상태이다.
발효시간 : 35~40분, 발효실 온도 : 38~40℃, 발효실 습도 : 85%

7. **굽기**

윗불 170℃, 아랫불 180℃로 30~40분 정도 굽는다.
(충분히 구워 주저앉지 않게 하며 밑면, 옆면에도
구운 색이 나도록 한다.)

※ 비상스트레이트법의 필수 조치 사항

- 반죽 시간 : 20~25% 늘림
- 반죽 온도 : 30℃
- 1차 발효 시간 : 15~30분
- 물 : 1% 증가
- 설탕 : 1% 감소
- 이스트 : 2배 증가

Milk Pan Bread

우유식빵

시험시간 : 4시간

생산량 : 4개
형태 : 산형(오픈 타입)
제조 방법 :
스트레이트법
반죽 온도 : 27℃

■ 요구 사항

※ 우유식빵을 제조하여 제출하시오.

1) 배합표의 각 재료를 계량하여 재료별로 진열하시오(7분).
2) 반죽은 스트레이트법으로 제조하시오.
(단, 유지는 클린업 단계에 첨가하시오.)
3) 반죽 온도는 27℃를 표준으로 하시오.
4) 표준 분할 무게는 180g으로 하고, 제시된 팬의 용량을 감안하여 결정하시오. (단, 분할 무게×3을 1개의 식빵으로 함)
5) 반죽은 전량을 사용하여 성형하시오.

■ 배합표

재료명	비율(%)	무게(g)
강력분	100	1200
우유	72	864
이스트	3	36
제빵개량제	1	12
소금	2	24
설탕	5	60
쇼트닝	4	48
계	187	2,244

■ 제조 공정

1. 유지를 제외한 가루분을 저속으로 1분 정도 혼합한 다음 우유를 넣고 한 덩어리로 믹싱한다.

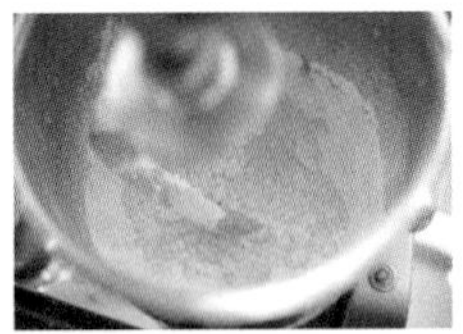
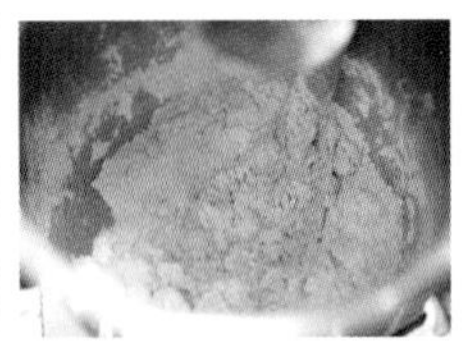

※ 우유는 수분 88%, 고형분 12%이므로 물대신 우유를 사용할때는 양을 감안하여 반죽한다.

2. 클린업 상태가 되면 쇼트닝을 넣고 중속 또는 고속으로 글루텐을 최종 단계(100%)까지 믹싱한다. (글루텐 피막이 매끄러운 상태)

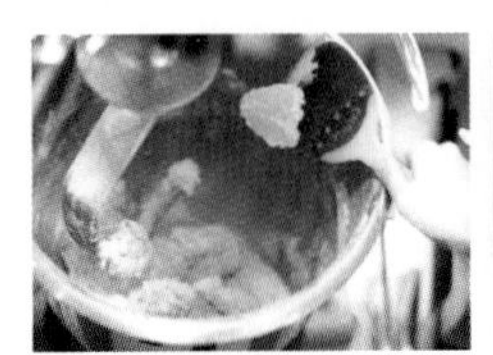
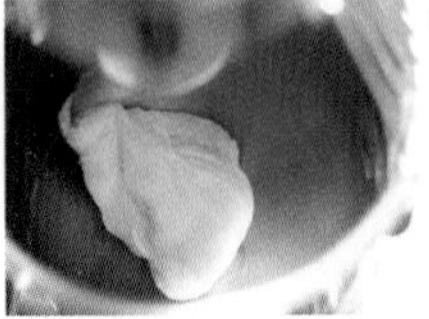

3. **1차 발효**

상태 : 반죽 부피의 2.5~3배 정도 크기까지 한다.

발효시간 : 80~90분, 발효실 온도 : 27℃, 발효실 습도 : 75~80%

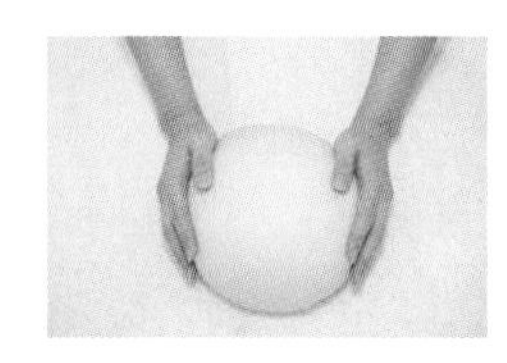

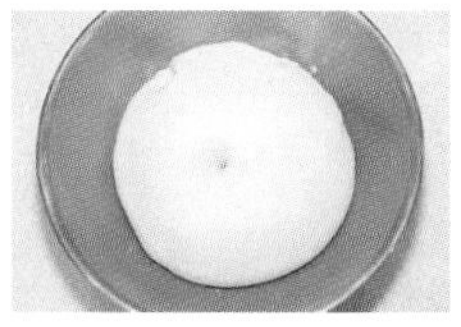

4. **분할, 둥글리기, 중간 발효**

완성된 반죽은 180g씩 12개 분할하여 둥글리기하고 중간 발효 10~15분간 시킨다.

(중간 발효 시간이 짧은 경우 밀어펴기, 성형이 어렵고 과하게 진행되면 반죽이 지치게 된다.)

5. **성형, 팬닝**

반죽을 밀대로 밀어 펴면서 가스를 제거한다.

양면을 가운데로 접어 3겹 접기 말기 후 이음새를 봉하고, 사각 틀에 산형으로 3개씩 넣는다.

(이음새가 바닥 중앙에 오도록 팬닝한다.)

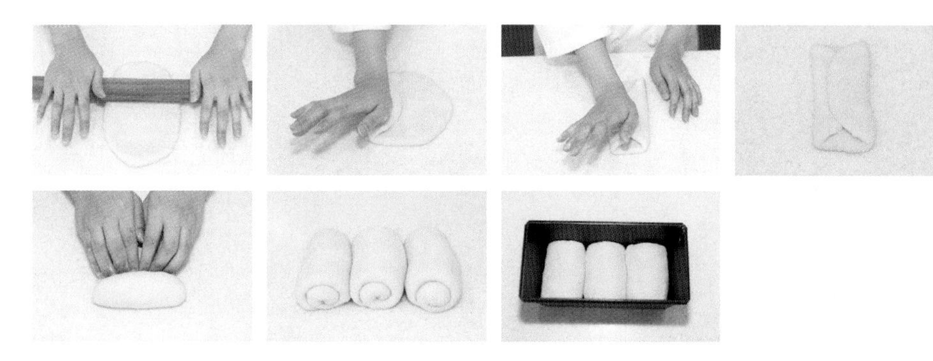

6. **2차 발효**

상태 : 반죽의 제일 높은 부분이 팬 위로 1cm 정도 올라온 상태이다.

발효시간 : 45~50분, 발효실 온도 : 35~40℃, 발효실 습도 : 85%

7. **굽기**

윗불 170℃, 아랫불 190℃로 30~40분 정도 굽는다.

(충분히 구워 주저앉지 않게 하며 밑면, 옆면에도 구운 색이 나도록 한다.)

Corn Pan Bread

옥수수 식빵

시험시간 : 4시간

생산량 : 4개
형태 : 산형(오픈 타입)
제조 방법 :
스트레이트법
반죽 온도 : 27℃

■ 요구 사항

※ 옥수수 식빵을 제조하여 제출하시오.

1) 배합표의 각 재료를 계량하여 재료별로 진열하시오(11분).
2) 반죽은 스트레이트법으로 제조하시오.
   (단, 유지는 클린업 단계에서 첨가하시오.)
3) 반죽 온도는 27℃를 표준으로 하시오.
4) 표준 분할 무게는 180g으로 하고, 제시된 팬의 용량을 감안하여 결정하시오. (단, 분할 무게×3을 1개의 식빵으로 함)
5) 반죽은 전량을 사용하여 성형하시오.

■ 배합표

재료명	비율(%)	무게(g)
강력분	80	1040
옥수수 분말	20	260
물	60	780
이스트	2.5	32.5
제빵개량제	1	13
소금	2	26
설탕	8	104
쇼트닝	7	91
탈지분유	3	39
계란	5	65
활성글루텐	3	39
계	191.5	2489.5

■ 제조 공정

1. 유지를 제외한 가루분을 저속으로 1분 정도 혼합한 다음 물, 계란을 넣고 한 덩어리로 믹싱한다.

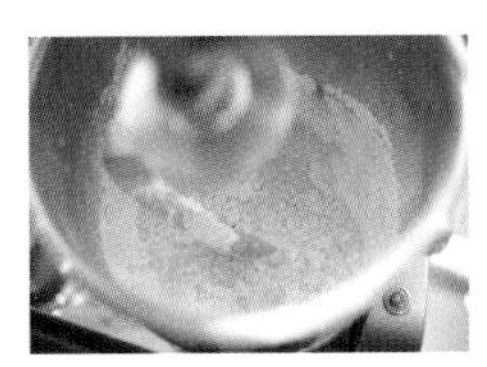
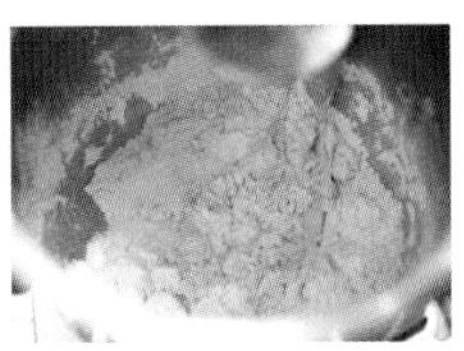

2. 클린업 상태가 되면 쇼트닝을 넣고 중속 또는 고속으로 보통 식빵 반죽의 90%(최종단계 초기)까지 믹싱한다.

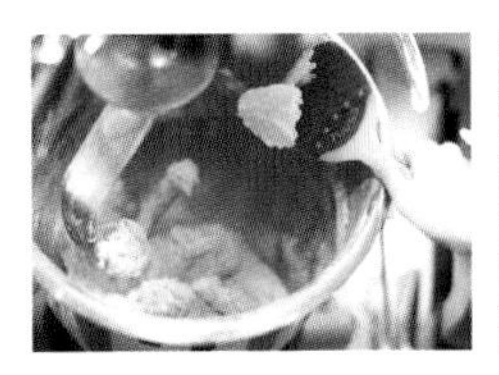
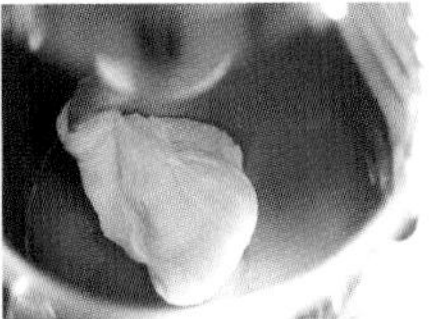

3. **1차 발효**

상태 : 반죽 부피의 2.5~3배 정도 크기까지 한다.

발효시간 : 70~80분, 발효실 온도 : 27℃, 발효실 습도 : 75~80%

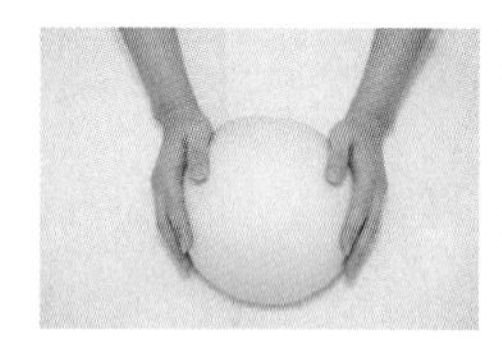

4. **분할, 둥글리기, 중간 발효**

완성된 반죽은 100g씩 12개 분할하여 둥글리기하고 중간 발효 10~15분간 시킨다.

(중간 발효 시간이 짧은 경우 밀어펴기, 성형이 어렵고 과하게 진행되면 반죽이 지치게 된다.)

5. **성형, 팬닝**

반죽을 밀대로 밀어 펴면서 가스를 제거한다.

양면을 가운데로 접어 3겹 접기 말기 후 이음새를 봉하고, 사각 틀에 산형으로 3개씩 넣는다.

(이음새가 바닥 중앙에 오도록 팬닝한다.)

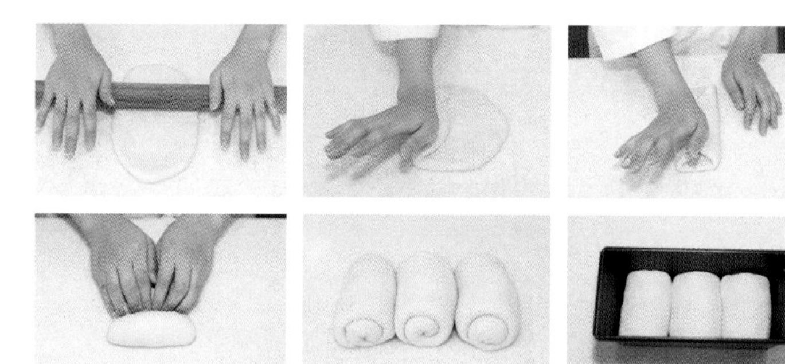
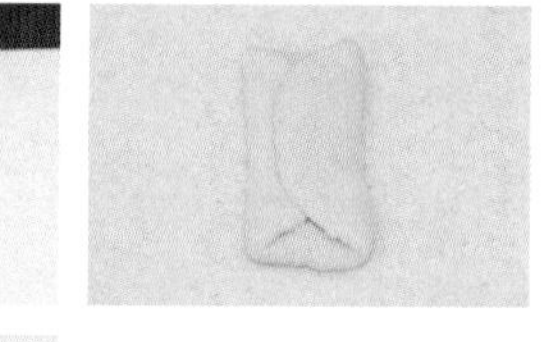

6. **2차 발효**

상태 : 반죽의 제일 높은 부분이 팬 위로 1cm 정도 올라온 상태이다.

발효시간 : 45~50분, 발효실 온도 : 35~40℃, 발효실 습도 : 85%

※ 옥수수 식빵은 오븐 스프링이 적으므로 가스 보유력이 최대인 시점까지 1cm 더 높이 발효시켜서 오븐에 굽도록 한다.

7. **굽기**

윗불 170℃, 아랫불 190℃로 30~35분 정도 굽는다.

(충분히 구워 주저앉지 않게 하며 밑면, 옆면에도 구운 색이 나도록 한다.)

Raisin Pan Bread

건포도 식빵

시험시간 : 4시간

생산량 : 4개
형태 : 산형(오픈 타입)
제조 방법 :
스트레이트법
반죽 온도 : 27℃

■ 요구 사항

※ 건포도 식빵을 제조하여 제출하시오.

1) 배합표의 각 재료를 계량하여 재료별로 진열하시오(10분).
2) 반죽은 스트레이트법으로 제조하시오.
   (단, 유지는 클린업 단계에서 첨가하시오.)
3) 반죽 온도는 27℃를 표준으로 하시오.
4) 표준 분할 무게는 180g으로 하고, 제시된 팬의 용량을 감안하여 결정하시오.
   (단, 분할 무게×3을 1개의 식빵으로 함)
5) 반죽은 전량을 사용하여 성형하시오.

■ 배합표

재료명	비율(%)	무게(g)
강력분	100	1400
물	60	840
이스트	3	42
제빵개량제	1	14
소금	2	28
설탕	5	70
마가린	6	84
탈지분유	3	42
계란	5	70
건포도	25	350
계	210	2,940

■ 제조 공정

1. 유지와 건포도를 제외한 가루분을 저속으로 1분 정도 혼합한 다음 물을 넣고 한 덩어리로 믹싱한다.(건포도는 반죽 전에 수분을 충분히 흡수하도록 물이나 럼주에 담가 놓는다.)

2. 클린업 상태가 되면 쇼트닝을 넣고 중속 또는 고속으로 글루텐을 (90~95%)까지 믹싱한다. 최종 단계에서 전처리한 건포도를 넣고 저속으로 혼합한다.

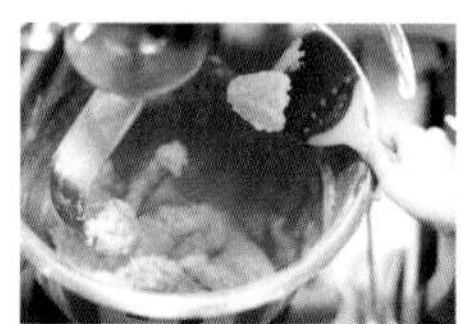
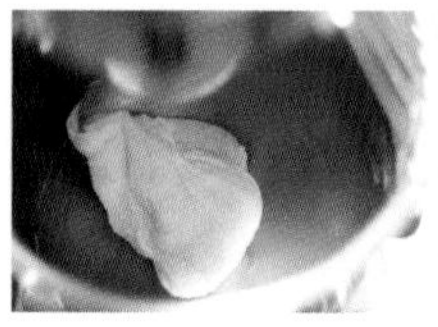

3. **1차 발효**

상태 : 반죽 부피의 2.5~3배 정도 크기까지 한다.
(거미줄 모양의 그물 조직 상태, 손가락 테스트로 최적인 상태)
발효시간 : 70~80분, 발효실 온도 : 27℃, 발효실 습도 : 75~80%

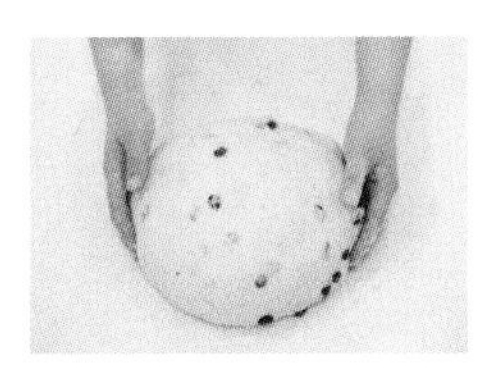  

4. **분할, 둥글리기, 중간 발효**

완성된 반죽은 180g씩 15개 분할하여 둥글리기하고 중간 발효 10~15분간 시킨다.

5. **성형, 팬닝**

반죽을 밀대로 밀어 펴면서 가스를 제거한다.
양면을 가운데로 접어 3겹 접기 말기 후 이음새를 봉하고, 사각 틀에 산형으로 3개씩 넣는다.
(이음새가 바닥 중앙에 오도록 팬닝한다.)

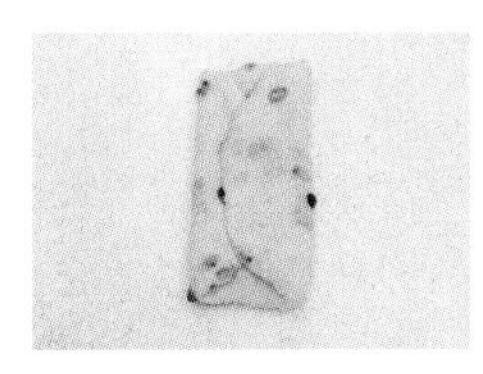  

- 반죽 내의 건포도의 표피가 상하지 않게 일정하게 분포되어야 한다.
- 성형시, 건포도가 반죽 표피 밖으로 돌출되지 않는 것이 좋다.

6. **2차 발효**

상태 : 반죽의 제일 높은 부분이 팬 위로 1cm 정도 올라온 상태이다.
발효시간 : 45~50분, 발효실 온도 : 38~40℃, 발효실 습도 : 85%

7. **굽기**

윗불 170℃, 아랫불 190℃로 35~40분 정도 굽는다.
(보통 식빵보다 건포도의 당분으로 인해 색이 빨리 나므로 주의하도록 한다.)

Pullman Bread

풀먼식빵

시험시간 : 4시간

생산량 : 5개
형태 : 사각
제조 방법 :
스트레이트법
반죽 온도 : 27℃

■ 요구 사항

※ 풀먼 식빵을 제조하여 제출하시오..

1) 배합표의 각 재료를 계량하여 재료별로 진열하시오(9분).
2) 반죽은 스트레이트법으로 제조하시오.
   (단, 유지는 클린업 단계에 첨가하시오.)
3) 반죽 온도는 27℃를 표준으로 하시오.
4) 표준 분할 무게는 250g으로 하고, 제시된 팬의 용량을 감안하여 결정하시오. (단, 분할 무게×2를 1개의 식빵으로 함)
5) 반죽은 전량을 사용하여 성형하시오.

■ 배합표

재료명	비율(%)	무게(g)
강력분	100	1400
물	58	812
이스트	3	42
제빵개량제	1	14
소금	2	28
설탕	6	84
쇼트닝	4	56
계란	5	70
분유	3	42
계	182	2548

■ 제조 공정

1. 유지를 제외한 가루분을 저속으로 1분 정도 혼합한 다음 계란, 물을 넣고 한 덩어리로 믹싱한다.

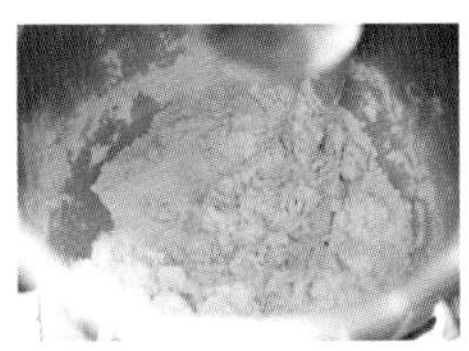

2. 클린업 상태가 되면 쇼트닝을 넣고 중속 또는 고속으로 글루텐을 (100%)까지 믹싱한다.

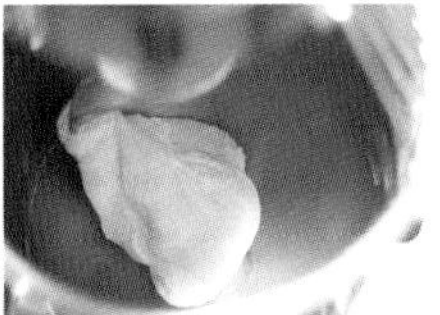

3. **1차 발효**

상태 : 반죽 부피의 2.5~3배 정도 크기까지 한다.

발효시간 : 70~80분, 발효실 온도 : 27℃, 발효실 습도 : 75~80%

4. **분할, 둥글리기, 중간 발효**

완성된 반죽은 250g씩 10개 분할하여 둥글리기하고 중간 발효 15~20분간 시킨다.

(중간 발효 시간이 짧은 경우 밀어펴기, 성형이 어렵고, 과하게 진행되면 반죽이 지치게 된다.)

5. **성형, 팬닝**

반죽을 밀대로 밀어 펴면서 가스를 제거한다.

양면을 가운데로 접어 3겹 접기 말기 후 이음새를 봉하고, 사각 틀에 넣는다.

(이음새가 바닥 중앙에 오도록 팬닝한다.)

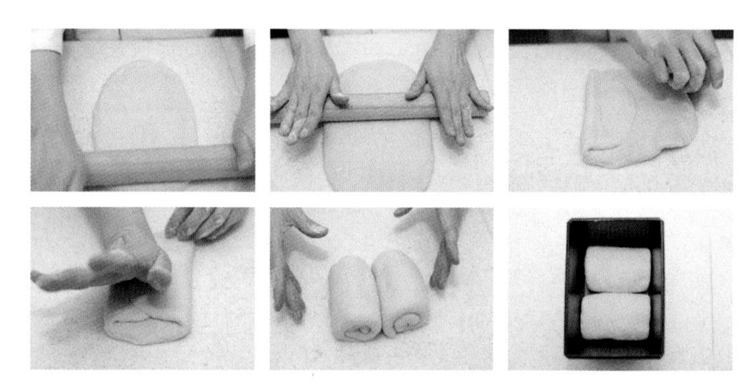

6. **2차 발효, 뚜껑 덮기**

상태 : 반죽의 제일 높은 부분이 팬 위로 1cm 정도 낮게 80% 정도 발효를 시킨 다음 뚜껑에 기름칠을 하여 반죽이 닿지 않도록 주의하여 덮는다.

- 80% 이하 : 팬에 제품이 차지 않고 둥근 모서리 형성
- 85% 이상 : 팬 뚜껑 밖으로 반죽이 나오며 제품의 뒷면에 조밀한 조직을 형성

발효시간 : 45~50분, 발효실 온도 : 38~45℃, 발효실 습도 : 85%

7. **굽기**

윗불 190℃, 아랫불 180℃로 40~45분 정도 굽는다.

(일반 식빵보다 10분 정도 더 길게 굽는다 → 뚜꺼의 열전달도의 차이 있다.)

Chestnut Pan Bread

밤식빵

시험시간 : 4시간

생산량 : 5개
형태 : one loaf (한 덩어리)
제조 방법 :
스트레이트법
반죽 온도: 27℃

■ 요구 사항

※ 밤식빵을 제조하여 제출하시오.

1) 반죽 재료를 계량하여 재료별로 진열하시오(10분).
2) 반죽은 스트레이트법으로 제조하시오.
3) 반죽 온도는 27℃를 표준으로 하시오.
4) 분할 무게는 450g으로 하고, 성형 시 450g의 반죽에 80g의 통조림 밤을 넣고 정형하시오(한 덩이 : one loaf).
5) 토핑 물을 제조하여 굽기 전에 토핑하고 아몬드를 뿌리시오.
6) 반죽은 전량을 사용하여 성형하시오.

■ 배합표

· 광택제 및 토핑

재료명	비율(%)	무게(g)
강력분	80	960
중력분	20	240
물	52	624
이스트	4	48
제빵개량제	1	12
소금	2	24
설탕	12	144
버터	8	96
분유	3	36
계란	10	120
계	192	2304
밤(다이스) (시럽 제외)	35	420

· 광택제 및 토핑

재료명	비율(%)	무게(g)
마가린	100	100
설탕	60	60
베이킹파우더	2	2
계란	60	60
중력분	100	100
아몬드 슬라이스	50	50
계	372	372

■ 제조 공정

1. 유지, 절임 밤을 제외한 가루분을 저속으로 1분 정도 혼합한 다음 계란, 물을 넣고 한 덩어리로 믹싱한다.

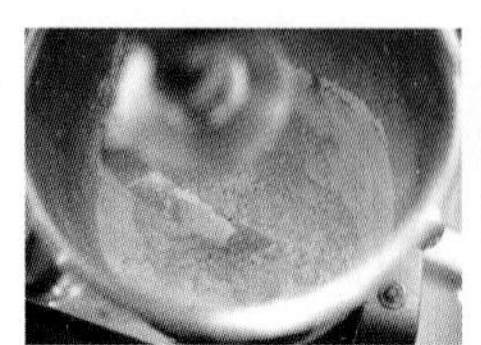
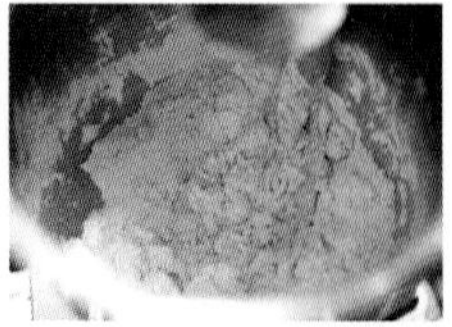

2. 클린업 상태가 되면 유지를 넣고 중속 또는 고속으로 글루텐을 (100%)까지 믹싱한다.

3. **1차 발효**

상태 : 반죽 부피의 2.5~3배 정도 크기까지 한다.

발효시간 : 50~60분, 발효실 온도 : 27℃, 발효실 습도 : 75~80%

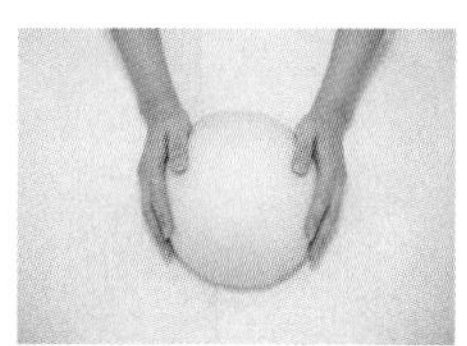  

4. **분할, 둥글리기, 중간 발효**

완성된 반죽은 450g씩 5개 분할하여 둥글리기하고 중간 발효 15~20분간 시킨다.

5. **성형, 팬닝**

반죽을 밀대로 타원형으로 밀어 약 20cm 정도 펴 밤다이스(80g)를 윗면에 골고루 뿌린 다음, 원통형으로 말아 이음새를 잘 봉한 후 사각 팬에 1개 넣는다.

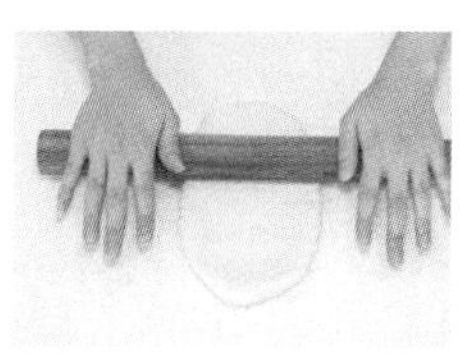 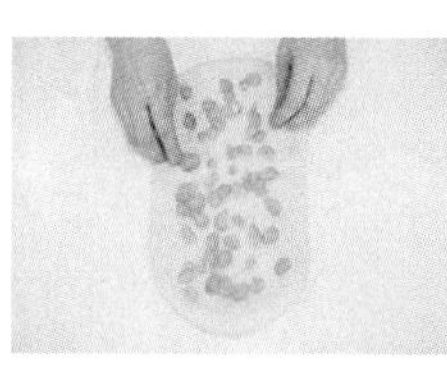 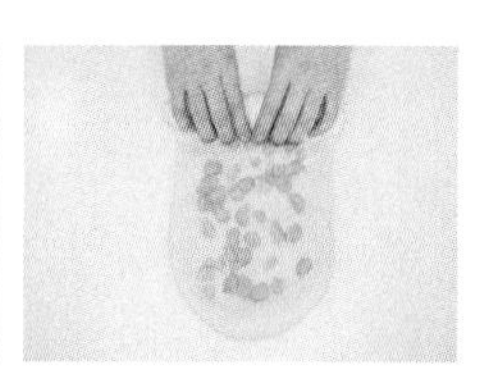

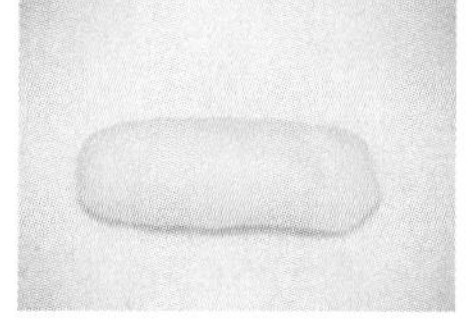 

6. **2차 발효**

상태 : 팬 높이보다 1cm 정도 낮게 발효시킨다.(80~85% → 밤의 당도로 인해 팽창이 다소 크다.)
(토핑용 반죽을 짤 때 실온에서 약 5분 정도 건조시키기 때문이다.)

발효시간 : 30~40분, 발효실 온도 : 35~43℃, 발효실 습도 : 85%

7. **토핑물 제조**

마가린을 부드럽게 풀어준 다음 설탕 → 베이킹파우더 →계란 → 중력분 순으로 거품기로 섞어 준다. 짤주머니에 납작한 모양의 깍지를 끼워 윗면에 일정하게 짜준 다음 슬라이스 아몬드를 뿌린다.

8. **굽기**

윗불 170℃, 아랫불 180℃로 30~40분 정도 굽는다.

Butter Top Bread

버터 톱 식빵

시험시간 : 3시간 30분

생산량 : 5개
형태 : one loaf (한 덩어리)
제조 방법 :
스트레이트법
반죽 온도 : 27℃

■ 요구 사항

※ 버터 톱 식빵을 제조하여 제출하시오..

1) 배합표의 각 재료를 계량하여 재료별로 진열하시오(9분).
2) 반죽은 스트레이트법으로 만드시오.
   (단, 유지는 클린업 단계에서 첨가하시오.)
3) 반죽 온도는 27℃를 표준으로 하시오.
4) 분할 무게 460g짜리 5개를 만드시오(한 덩이 : one loaf).
5) 윗면을 길이로 자르고 버터를 짜 넣는 형태로 만드시오.
6) 반죽은 전량을 사용하여 성형하시오.

■ 배합표

재료명	비율(%)	무게(g)
강력분	100	1200
물	40	480
이스트	4	48
제빵개량제	1	12
소금	1.8	21.6
설탕	6	72
버터	20	240
탈지분유	3	36
계란	20	240
계	195.8	2349.6
버터(바르기용)	10	120

■ 제조 공정

1. 유지를 제외한 가루분을 저속으로 1분 정도 혼합한 다음 계란, 물을 넣고 한 덩어리로 믹싱한다.

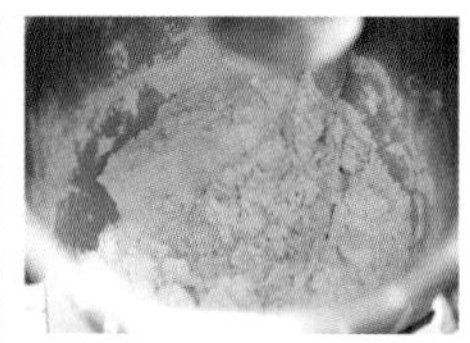

2. 클린업 상태가 되면 유지을 넣고 중속 또는 고속으로 글루텐을(100%) 최종 단계까지 믹싱한다.

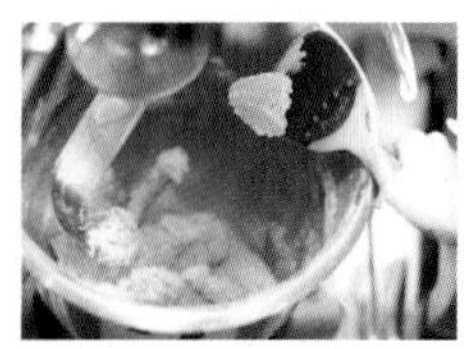
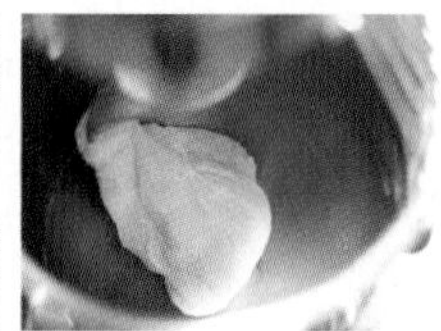

※ 보통 식빵보다 버터의 양이 많으므로 반죽 믹싱 정도가 과하지 않도록 한다.

3. **1차 발효**

상태 : 반죽 부피의 2.5~3배 정도 크기까지 한다.
발효시간 : 50~60분, 발효실 온도 : 27℃, 발효실 습도 : 75~80%

4. **분할, 둥글리기, 중간 발효**

완성된 반죽은 460g씩 5개 분할하여 둥글리기하고 중간 발효 15~20분간 시킨다.
(중간 발효 시간이 짧은 경우 밀어펴기, 성형이 어렵고, 과하게 진행되면 반죽이 지치게 된다.)

5. **성형, 팬닝**

반죽을 밀대로 밀어펴 가스를 빼준 다음, 원통형으로 말아 이음새를 잘 봉한 후 사각 팬에 1개 넣는다.

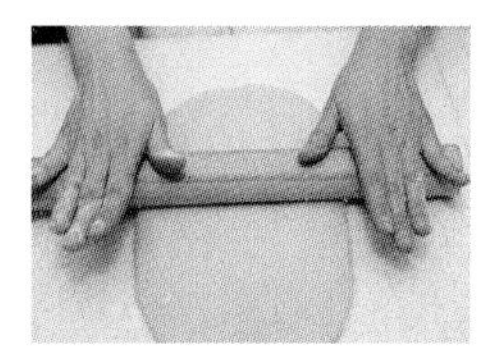
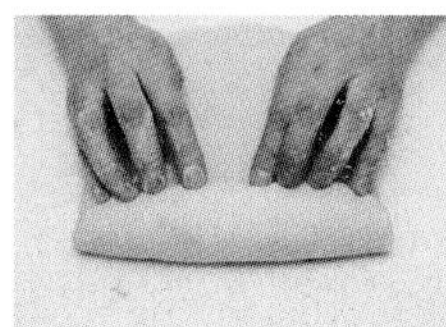

6. **2차 발효**

상태 : 오븐 스프링이 크기 때문에 팬 높이보다 1cm 정도 아래까지 발효시킨다.
발효시간 : 30~40분, 발효실 온도 : 35~43℃, 발효실 습도 : 85%

7. **윗면 자르기와 버터 짜기**

2차 발효가 끝난 반죽 윗면 가운데를 길게 일자로 깊이 0.5cm, 길이는 양 끝을 1cm씩 남기로 잘라준다. 부드러운 버터를 짤주머니에 담아 30g 정도 짜준다.

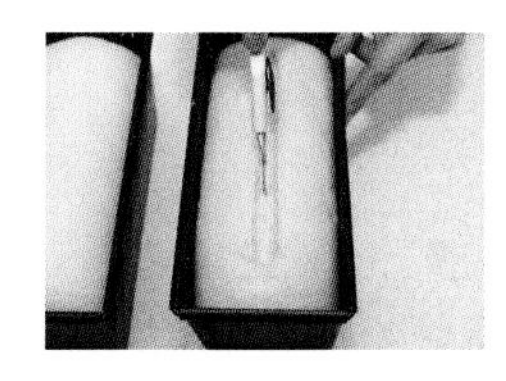

※반죽의 표면을 약간 건조시킨 후에 칼로 자른다.

8. **굽기**

윗불 160℃, 아랫불 180℃로 30~40분 정도 굽는다.
(식빵의 옆면과 바닥의 색을 확실하게 내 주어야 찌그러지는 것을 방지할 수 있다.)

Red Bean Bread

단팥빵(단과자빵)

시험시간 : 3시간

생산량 : 50개
형태 : 원근 원반형
제조 방법 :
비상스트레이트법
반죽 온도: 30℃

■ 요구 사항

※ 단팥빵을 제조하여 제출하시오.

1) 배합표의 각 재료를 계량하여 재료별로 진열하시오(10분).
2) 반죽은 비상스트레이트법으로 제조하시오. (단, 유지는 클린업 단계에 첨가하고, 반죽 온도는 30℃로 한다.)
3) 반죽 1개의 분할 무게는 40g, 팥앙금 무게는 30g으로 제조하시오.
4) 반죽은 전량을 사용하여 성형하시오.

■ 배합표

재료명	비상스트레이트	
	비율(%)	무게(g)
강력분	100	900
물	48	432
이스트	7	43
제빵개량제	1	9
소금	2	18
설탕	16	144
마가린	12	108
분유	3	27
계란	15	135
계	204	1816
통팥앙금	150	1350

■ 제조 공정

1. 유지를 제외한 가루분을 저속으로 1분 정도 혼합한 다음 계란, 물을 넣고 한 덩어리로 믹싱한다.

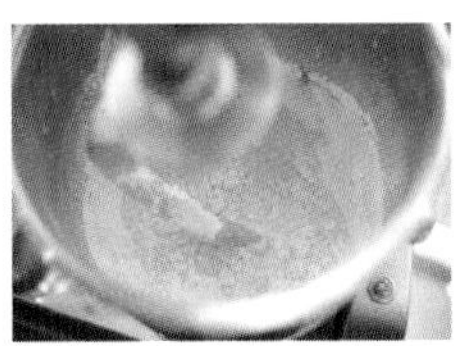

2. 클린업 상태가 되면 유지를 넣고 중속 또는 고속으로 글루텐을(120%) 최종 단계 후기까지 믹싱한다. (일반 반죽보다 20% 더 증가한다.)

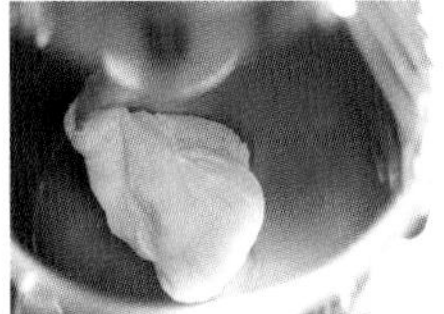

3. **1차 발효**

상태 : 2배 정도 발효시킨다. (망상 구조가 형성되지 않은 어린 반죽 상태에서 꺼낸다.)
발효시간 : 15~30분, 발효실 온도 : 30℃, 발효실 습도 : 75~80%
(일반 단과자 빵보다 반죽을 약 20% 정도 더 하고, 1차 발효 시간을 줄인다.

4. **분할, 둥글리기, 중간 발효**

완성된 반죽은 40g씩 50개 분할하여 둥글리기하고 중간 발효 15~20분간 시킨다.
(중간 발효 시간이 짧은 경우 밀어펴기, 성형이 어렵고, 과하게 진행되면 반죽이 지치게 된다.)

5. **성형, 팬닝**

손으로 반죽을 일정한 크기로 눌러 펴서 가스를 제거한다.
앙금 주걱을 사용하여 팥앙금 30g을 넣은 뒤 감싸고 아랫부분을 잘 봉한다.
철판에 12개씩 배열하여 윗면이 평평하도록 한다.
목란(앙금빵 모양내는 도구)를 사용하여 가운데 부분에 홈을 판다. (중앙 밑면이 완전히 보이도록 구멍을 낸다.)

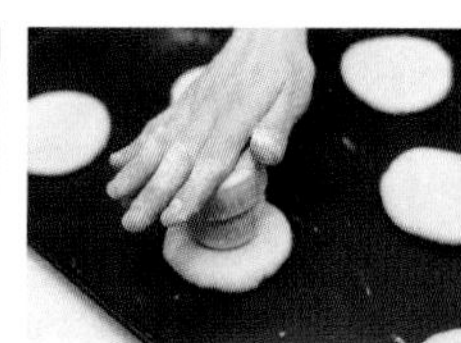

6. **2차 발효**

상태 : 시간보다는 반죽 상태를 보고 판단하며, 처음 부피의 두배 정도가 적당하다.
발효시간 : 30~35분, 발효실 온도 : 35~43℃, 발효실 습도 : 85%

8. **굽기**

윗불 180℃, 아랫불 150℃로 10~15분 정도 굽는다.
(오븐 위치에 따라 온도 차이가 있으며 윗면 색이 약간 날 때 철판의 위치를 바꾸어 고른 색이 나도록 한다.)

※ 비상스트레이트법의 필수 조치 사항

- 반죽 시간 : 20~25% 늘림
- 반죽 온도 : 30℃
- 1차 발효 시간 : 15~30분
- 물 : 1% 증가
- 설탕 : 1% 감소
- 이스트 : 2배 증가

Streusel

소보로빵(단과자빵)

시험시간 : 4시간

생산량 : 49개
형태 : 둥근 모양
제조 방법 : 스트레이트법
반죽 온도 : 27℃

■ 요구 사항

※ 단과자빵(소보로빵)을 제조하여 제출하시오.

1) 빵 반죽 재료를 계량하여 재료별로 진열하시오(9분)
2) 반죽은 스트레이트법으로 제조하시오.
   (단, 유지는 클린업 단계에 첨가하시오.)
3) 반죽 온도는 27℃를 표준으로 하시오.
4) 반죽 1개의 분할 무게는 46g씩, 1개당 소보로 사용량은 약 26g씩으로 제조하시오.
5) 토핑용 소보로는 배합표에 의거 직접 제조하여 사용하시오.
6) 반죽은 전량을 사용하여 성형하시오.

■ 배합표

· 반죽

재료명	비율(%)	무게(g)
강력분	100	1100
물	47	517
이스트	4	44
제빵개량제	1	11
소금	2	22
마가린	18	198
분유	2	22
계란	15	165
설탕	16	176
계	205	2255

· 토핑물

재료명	비율(%)	무게(g)
중력분	100	500
설탕	60	300
마가린	50	250
땅콩버터	15	75
계란	10	50
물엿	10	50
분유	3	15
베이킹파우더	2	10
소금	1	5
계	251	1255

■ 제조 공정

1. 유지를 제외한 가루분을 저속으로 1분 정도 혼합한 다음 계란, 물을 넣고 한 덩어리로 믹싱한다.

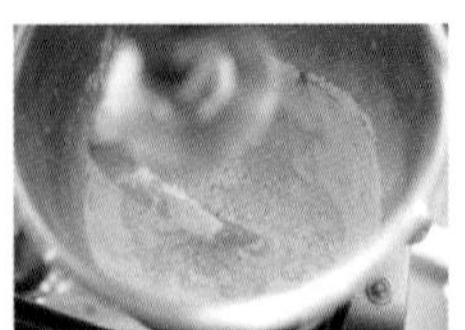
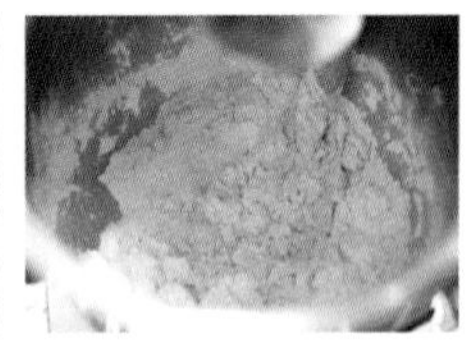

2. 클린업 상태가 되면 유지를 넣고 중속 또는 고속으로 글루텐을(100%) 최종 단계까지 믹싱한다.

3. 1차 발효

상태 : 2.5~3배 정도 발효시킨다.
발효시간 : 60~80분, 발효실 온도 : 27℃, 발효실 습도 : 75~80%

4. 토핑물 만들기(크림법)

볼에 마가린, 땅콩버터를 넣고 거품기로 부드럽게 만든다.
설탕, 소금, 물엿을 넣고 혼합한 후 계란을 넣고 크림상태로 섞어준다.
체에 내린 중력분, 베이킹파우더, 분유를 넣고 가볍게 섞어준다. (바슬바슬한 상태로 만들며, 지나치게 많이 섞어주면 질어진다.)

5. 분할, 둥글리기, 중간 발효

완성된 반죽은 45g씩 49개 분할하여 둥글리기하고 중간 발효 15~20분간 시킨다.
(중간 발효 시간이 짧은 경우 밀어펴기, 성형이 어렵고, 과하게 진행되면 반죽이 지치게 된다.)

6. 성형, 팬닝

반죽을 재둥글리기 하여 가스를 뺀다.
반죽 표면에 물을 묻히고 토핑물은 밑에 깔고 물 묻은 표면이 밑으로 가게끔 하여 위에서 누르면서 토핑물을 묻힌다.
철판에 12개씩 팬닝하여 일정하게 배열한다.

7. 2차 발효

상태 : 시간보다는 반죽 상태를 보고 판단하며, 과발효가 되면 소보루 무게에 주저앉을 수 있어 발효를 약간 짧게 한다.
발효시간 : 30~35분, 발효실 온도 : 35~38℃, 발효실 습도 : 85%

8. 굽기

윗불 180℃, 아랫불 150℃로 10~15분 정도 굽는다.
(오븐 위치에 따라 온도 차이가 있으며 윗면 색이 약간 날 때 철판의 위치를 바꾸어 고른 색이 나도록 한다.)

Cream Bread

크림빵(단과자빵)

시험시간 : 4시간

생산량 : 48개
형태 : 반달 모양
제조 방법 : 스트레이트법
반죽 온도 : 27℃

■ 요구 사항

※ 단과자빵(크림빵)을 제조하여 제출하시오.

1) 배합표의 각 재료를 계량하여 재료별로 진열하시오(10분).
2) 반죽은 스트레이트법으로 제조하시오. (단, 유지는 클린업 단계에 첨가하시오.)
3) 반죽 온도는 27℃를 표준으로 하시오.
4) 반죽 1개의 분할 무게는 45g, 1개당 크림 사용량은 30g으로 제조하시오.
5) 제품 중 20개는 크림을 넣은 후 굽고, 나머지는 반달형으로 크림을 충전하지 말고 제조하시오.
6) 반죽은 전량을 사용하여 성형하시오.

■ 배합표

재료명	비율(%)	무게(g)
강력분	100	1100
물	53	583
이스트	4	44
제빵개량제	2	22
소금	2	22
설탕	16	176
쇼트닝	12	132
분유	2	22
계란	10	110
계	201	2211
커스터드 크림	65	715

■ 제조 공정

1. 유지를 제외한 가루분을 저속으로 1분 정도 혼합한 다음 계란, 물을 넣고 한 덩어리로 믹싱한다.

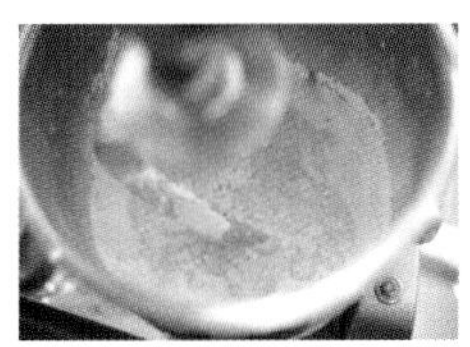
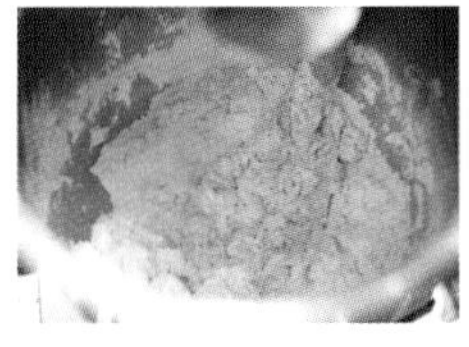

2. 클린업 상태가 되면 유지를 넣고 중속 또는 고속으로 글루텐을 (100%) 최종 단계까지 믹싱한다.

3. **1차 발효**

상태 : 2.5~3배 정도 발효시킨다.
발효시간 : 60~80분, 발효실 온도 : 27℃, 발효실 습도 : 75~80%

4. **분할, 둥글리기, 중간 발효**

완성된 반죽은 45g씩 48개 분할하여 둥글리기하고 중간 발효 15~20분간 시킨다.
(중간 발효 시간이 짧은 경우 밀어펴기, 성형이 어렵고, 과하게 진행되면 반죽이 지치게 된다.)

5. **성형, 팬닝**

(성형 시 밀어펴기를 할 때 처음부터 한번에 밀어펴지 말고 중간 크기로 한번 밀어편 후 휴지시간을 두고 다시 밀어펴면 성형이 쉽다.)

- **크림을 넣고 성형하는 방법**
  반죽을 타원형으로 밀어펴 크림 30g을 가운데 넣은 후 반으로 접어 봉한다. 스크래퍼를 사용하여 다섯 군데 1cm 깊이로 자른 후 철판에 12개씩 배열한다.
- **구운 후 크림을 충전하는 방법**
  반죽을 타원형으로 밀어 펴서 1/2 정도만 붓으로 기름칠한 후 기름칠한 부분이 안쪽으로 들어가게 접는다.

6. **2차 발효**

상태 : 시간보다는 반죽 상태를 보고 판단한 후 계란 물을 칠한다.
발효시간 : 30~35분, 발효실 온도 : 35~43℃, 발효실 습도 : 85%

7. **크림 넣기**

크림 비충전빵은 냉각 후 가운데를 벌려 커스터드 크림을 30g을 넣는다.

8. **굽기**

윗불 180℃, 아랫불 150℃로 10~15분 정도 굽는다.
(오븐 위치에 따라 온도 차이가 있으며 윗면 색이 약간 날 때 철판의 위치를 바꾸어 고른 색이 나도록 한다.)

Sweet Dough Bread

단과자빵(트위스트형)

시험시간 : 4시간

생산량 : 46개
형태 : 8자, 이중 8자
달팽이 모양
제조 방법 : 스트레이트법
반죽 온도 : 27℃

■ 요구 사항

※ 단과자빵(트위스트형)을 제조하여 제출하시오.

1) 배합표의 각 재료를 계량하여 재료별로 진열하시오(9분).
2) 반죽은 스트레이트법으로 제조하시오.
(단, 유지는 클린업 단계에 첨가하시오.)
3) 반죽 온도는 27℃를 표준으로 하시오.
4) 반죽 분할 무게는 50g이 되도록 하시오.
5) 모양은 8자형, 달팽이형, 이중 8자형 중 감독위원이 요구하는 2가지 모양으로 만드시오.
6) 반죽은 전량을 사용하여 성형하시오.

■ 배합표

재료명	비율(%)	무게(g)
강력분	100	1200
물	47	564
이스트	4	48
제빵개량제	1	12
소금	2	24
설탕	12	144
쇼트닝	10	120
분유	3	36
계란	20	240
계	199	2388

■ 제조 공정

1. 유지를 제외한 가루분을 저속으로 1분 정도 혼합한 다음 계란, 물을 넣고 한 덩어리로 믹싱한다.

2. 클린업 상태가 되면 유지를 넣고 중속 또는 고속으로 글루텐을(100%) 최종 단계까지 믹싱한다.

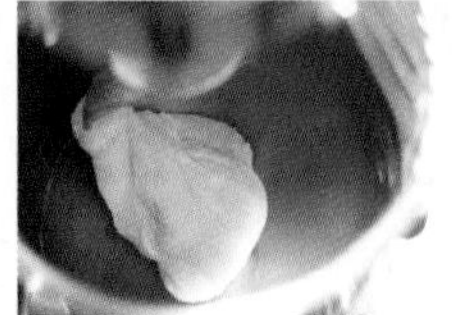

3. **1차 발효**

상태 : 2.5~3배 정도 발효시킨다.

발효시간 : 60~80분, 발효실 온도 : 27℃, 발효실 습도 : 75~80%

4. **분할, 둥글리기, 중간 발효**

완성된 반죽은 50g씩 48개 분할하여 둥글리기하고 중간 발효 15~20분간 시킨다.

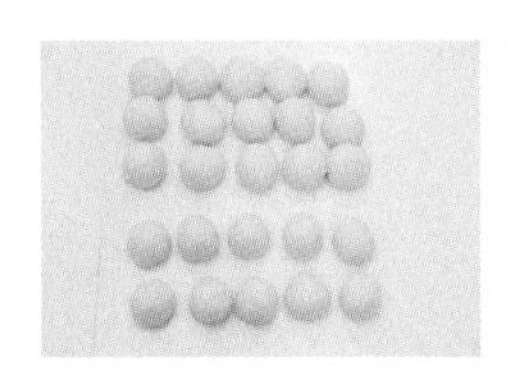
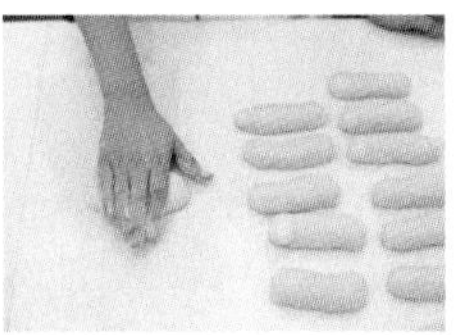

5. **성형, 팬닝**

· 8자형 : 반죽을 25cm로 밀어 늘린 후 8자형으로 꼬아 만든다.
· 이중 8자형 : 반죽의 가스를 빼면서 30cm로 밀어 늘린 후 이중 8자형으로 꼬아 만든다.
· 달팽이형 : 반죽의 가스를 빼면서 한쪽을 비스듬히 얇게 30cm 길이로 늘려 굵은 쪽을 중심으로 하여 돌려 감는다.

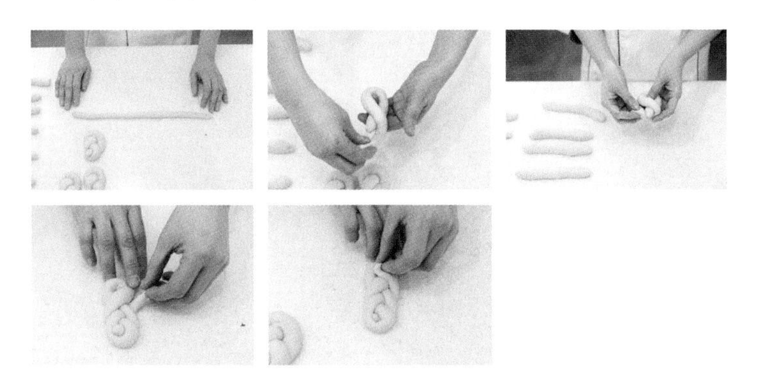

6. **2차 발효**

상태 : 시간보다는 반죽 상태를 보고 판단한 후 계란 물을 칠한다.

발효시간 : 30~35분, 발효실 온도 : 35~40℃, 발효실 습도 : 85%

7. **굽기**

윗불 180℃, 아랫불 150℃로 10~15분 정도 굽는다.

(오븐 위치에 따라 온도 차이가 있으며 윗면 색이 약간 날 때 철판의 위치를 바꾸어 고른 색이 나도록 한다.)

Brioche

브리오슈

시험시간 : 3시간 30분

생산량 : 50개
형태 : 눈사람(오뚜기 모양)
반죽 온도 : 29℃
제조 방법 : 스트레이트법

■ 요구 사항

※ 브리오슈를 제조하여 제출하시오.

1) 배합표의 각 재료를 계량하여 재료별로 진열하시오(10분).
2) 반죽은 스트레이트법으로 제조하시오.
   (단, 유지는 클린업 단계에 첨가하시오.)
3) 반죽 온도는 29℃를 표준으로 하시오.
4) 분할 무게는 40g씩이며, 오뚜기 모양으로 제조하시오.
5) 반죽은 전량을 사용하여 성형하시오.

■ 배합표

재료명	비율(%)	무게(g)
강력분	100	900
물	30	270
이스트	8	72
소금	1.5	13.5
마가린	20	180
버터	20	180
설탕	15	135
분유	5	45
계란	30	270
브랜디	1	9
계	230.5	2074.5

■ 제조 공정

1. 유지를 제외한 가루분을 저속으로 1분 정도 혼합한 다음 계란, 물을 넣고 한 덩어리로 믹싱한다.

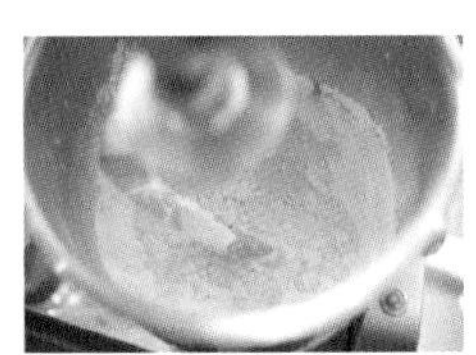
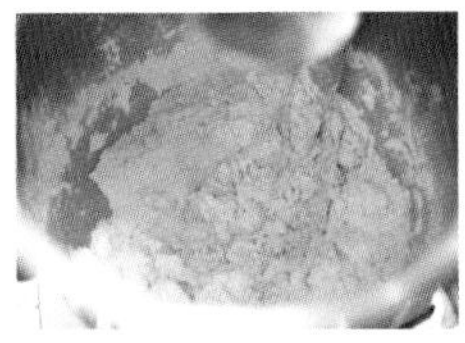

2. 클린업 상태가 되면 유지를 넣고 중속 또는 고속으로 글루텐을 (100%) 최종 단계까지 믹싱한다.
   (유지 함량이 40%나 함유하고 있기 때문에 조금씩 나누어 가며 투입해야 한다.)

3. **1차 발효**
   상태 : 2.5~3배 정도 발효시킨다.
   발효시간 : 60~80분, 발효실 온도 : 30℃, 발효실 습도 : 75~80%

4. 분할, 둥글리기, 중간 발효

완성된 반죽은 40g씩 48개 분할하여 둥글리기하고 중간 발효를 15~20분간 시킨다.
(유지 함량이 많은 반죽이므로 너무 오래 하면 손의 온도 때문에 유지가 녹으며 표면이 거칠게 된다.)

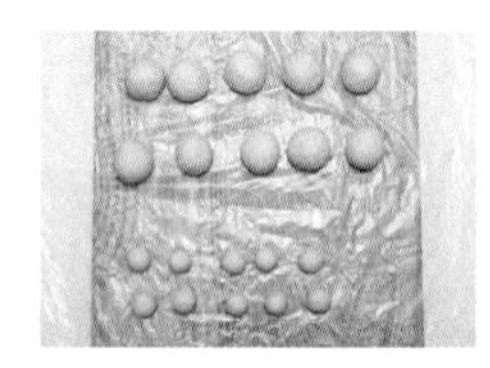

5. 성형, 팬닝

반죽의 1/4을 떼어 올챙이 모양으로 한다.
남은 3/4 반죽을 둥글리기한 후 팬에 넣어 깊게 구멍을 낸다.
올챙이 모양의 반죽을 구멍을 낸 큰 반죽의 중앙에 올려 오뚝이 모양으로 잘 마무리한다.

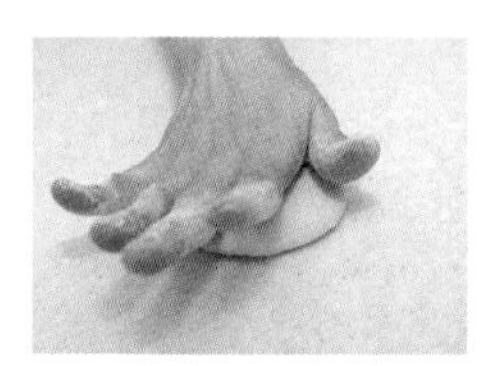

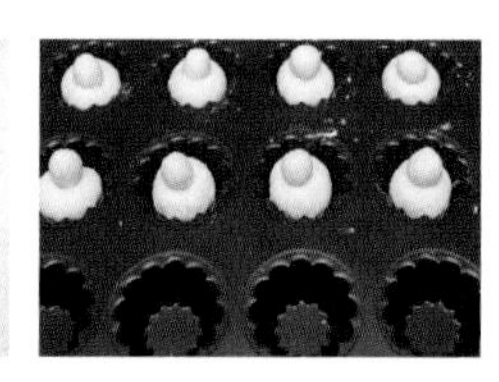

6. 2차 발효

상태 : 시간보다는 반죽 상태를 보고 판단하며 몸통 부분의 높이가 팬의 높이와 거의 같은 정도까지 발효시킨 다음 계란 노른자 물(노른자 1 : 물 2)을 붓으로 고른다. 이때 계란 물이 흘러 내리지 않도록 주의한다.)
발효시간 : 25~30분, 발효실 온도 : 35~ 38℃, 발효실 습도 : 85%

7. 굽기

윗불 190℃, 아랫불 180℃로 10~15분 정도 굽는다.
(오븐 위치에 따라 온도 차이가 있으며 윗면 색이 약간 날 때 철판의 위치를 바꾸어 고른 색이 나도록 한다.

Butter Roll

버터롤

시험시간 : 4시간

생산량 : 53개
형태 : 번데기 모양
제조 방법 : 스트레이트법
반죽 온도 : 27℃

■ 요구 사항

※ 버터롤을 제조하여 제출하시오.

1) 배합표의 각 재료를 계량하여 재료별로 진열하시오(9분).
2) 반죽은 스트레이트법으로 제조하시오.
   (단, 유지는 클린업 단계에 첨가하시오.)
3) 반죽 온도는 27℃를 표준으로 하시오.
4) 반죽 1개의 분할 무게는 40g으로 제조하시오.
5) 제품의 형태는 번데기 모양으로 제조하시오.
6) 반죽은 전량을 사용하여 성형하시오.

■ 배합표

재료명	비율(%)	무게(g)
강력분	100	1100
설탕	10	110
소금	2	22
버터	15	165
탈지분유	3	33
계란	8	88
이스트	4	44
제빵개량제	1	11
물	53	583
계	196	2156

■ 제조 공정

1. 유지를 제외한 가루분을 저속으로 1분 정도 혼합한 다음 계란, 물을 넣고 한 덩어리로 믹싱한다.

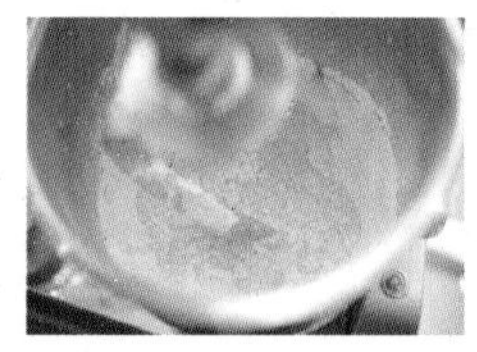

2. 클린업 상태가 되면 유지를 넣고 중속 또는 고속으로 글루텐을 (100%) 최종 단계까지 믹싱한다.

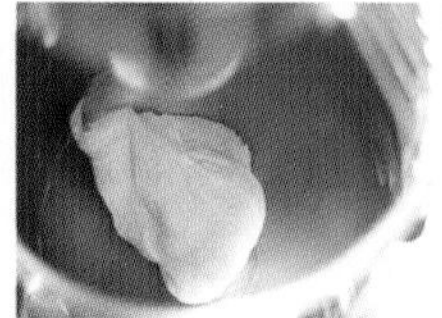

3. **1차 발효**

상태 : 2.5~3배정도 발효시킨다.

발효시간 : 60~80분, 발효실 온도 : 27℃, 발효실 습도 : 75~80%

4. **분할, 둥글리기, 중간 발효**

완성된 반죽은 40g씩 분할하여 둥글리기하고 중간 발효 15~20분간 시킨다.

(중간 발효 시간이 짧은 경우 밀어펴기, 성형이 어렵고 과하게 진행되면 반죽이 지치게 된다.)

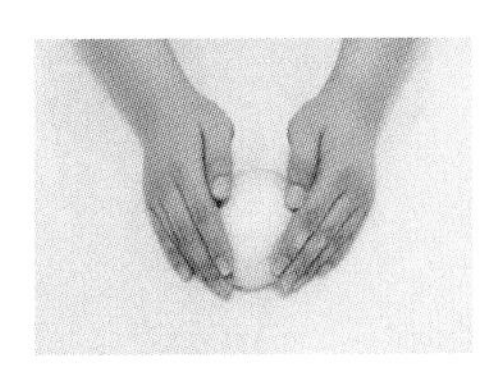 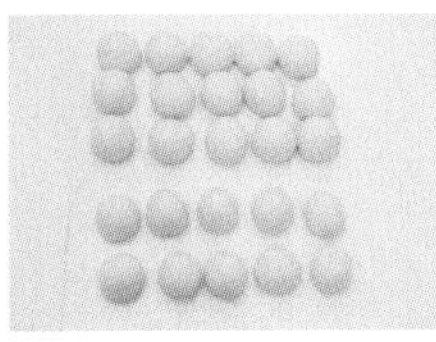 

5. **성형, 팬닝**

올챙이처럼 한쪽은 가늘고 다른 한쪽은 둥글게 밀어준 후 밀대로 밀어 펴서 삼각형 모양으로 만든 다음 넓은 면부터 둥글게 말아주고 평철판에 12개씩 팬닝한다.

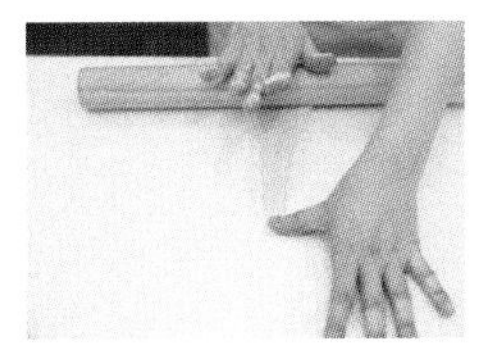 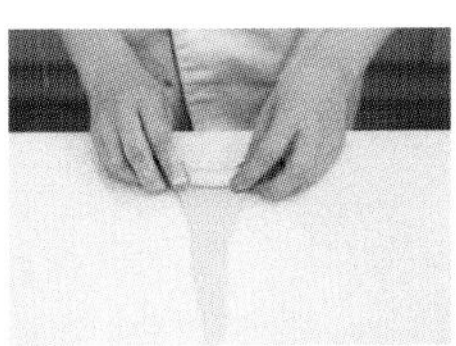 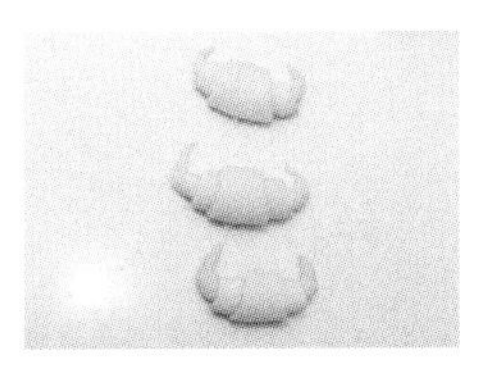

6. **2차 발효**

상태 : 시간보다는 반죽 상태를 보고 판단하며 몸통 부분의 높이가 팬의 높이와 거의 같은 정도까지 발효시킨 다음 계란 물을 붓으로 고르게 바른다.

발효시간 : 30~35분, 발효실 온도 : 35~38℃, 발효실 습도 : 85%

7. **굽기**

윗불 180℃, 아랫불 150℃로 10~15분 정도 구워 오븐에서 꺼낸 후 버터 칠을 한다.

(오븐 위치에 따라 온도 차이가 있으며 윗면 색이 약간 날 때 철판의 위치를 바꾸어 고른 색이 나도록 한다.)

Hamburger Buns

햄버거빵

시험시간 : 4시간

생산량 : 33개
형태 : 원반 모양
제조 방법 : 스트레이트법
반죽 온도 : 27℃

■ 요구 사항

※ 햄버거빵을 제조하여 제출하시오.

1) 배합표의 각 재료를 계량하여 재료별로 진열하시오(10분).
2) 반죽은 스트레이트법으로 제조하시오.
   (단, 유지는 클린업 단계에 첨가하시오.)
3) 반죽 온도는 27℃를 표준으로 하시오.
4) 분할 무게는 60g씩이며, 원반형으로 제조하시오.
5) 반죽은 전량을 사용하여 성형하시오.

■ 배합표

재료명	비율(%)	무게(g)
중력분	30	330
강력분	70	770
이스트	3	33
제빵개량제	2	22
소금	1.8	19.8
마가린	9	99
탈지분유	3	33
계란	8	88
물	48	528
설탕	10	110
계	184.8	2032.8

■ 제조 공정

1. 유지를 제외한 가루분을 저속으로 1분 정도 혼합한 다음 계란, 물을 넣고 한 덩어리로 믹싱한다.

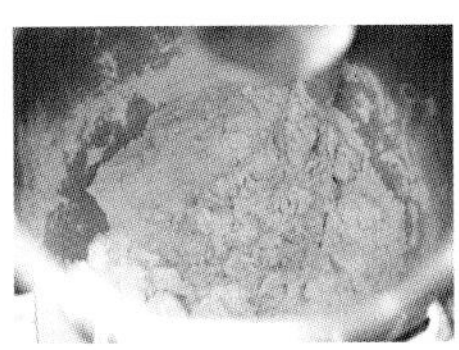

2. 클린업 상태가 되면 유지를 넣고 중속 또는 고속으로 글루텐을(100%) 최종 단계까지 믹싱한다.

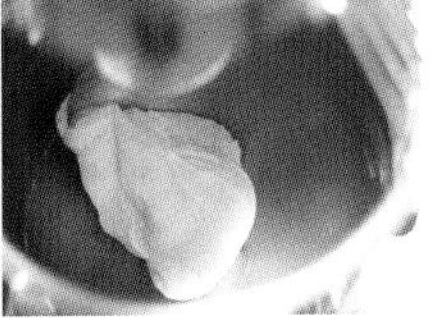

3. **1차 발효**

상태 : 2.5~3배 정도 발효시킨다.
발효시간 : 60~80분, 발효실 온도 : 27℃, 발효실 습도 : 75~80%

4. **분할, 둥글리기, 중간 발효**

완성된 반죽은 60g씩 분할하여 둥글리기하고 중간 발효 15~20분간 시킨다.

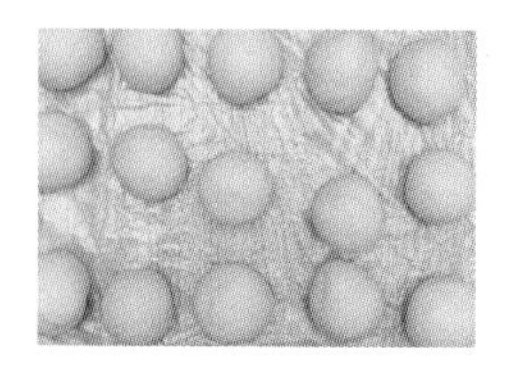

5. **성형, 팬닝**

반죽을 밀대로 밀어 가스를 빼면서 지름 7~8cm 정도의 원형으로 밀어 편 후 평철판에 8개씩 팬닝한 후 계란 물 칠을 한다.(밀어펴기 시 가장자리 부분이 납작해지지 않도록 주의한다.)

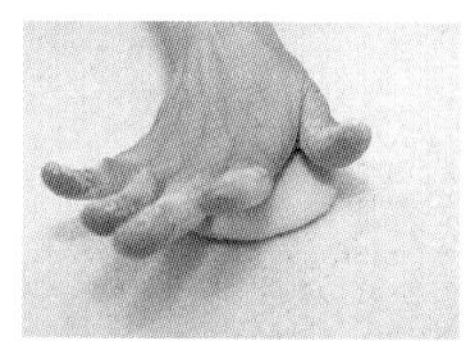
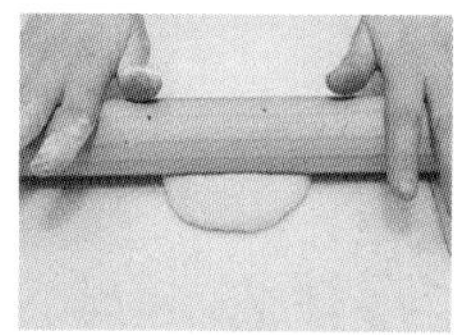

6. **2차 발효**

상태 : 시간보다는 반죽 상태를 보고 판단한다.
발효시간 : 30~40분, 발효실 온도 : 35~38℃, 발효실 습도 : 85% (햄버거팬 90~95%), 평철판 : 80~85%

8. **굽기**

윗불 180℃, 아랫불 150℃로 10~15분 정도 구워 준다.
(오븐 위치에 따라 온도 차이가 있으며 윗면 색이 약간 날 때 철판의 위치를 바꾸어 고른 색이 나도록 한다.)

Yeast Doughnut

빵도넛

시험시간 : 3시간

생산량 : 46개
형태 : 8자형, 꽈배기형, 트위스트형
제조 방법 : 스트레이트법
반죽 온도 : 27℃

■ 요구 사항

※ 빵도넛을 제조하여 제출하시오.

1) 배합표의 각 재료를 계량하여 재료별로 진열하시오(12분).
2) 반죽을 스트레이트법으로 제조하시오.
 (단, 유지는 클린업 단계에서 첨가하시오.)
3) 반죽 온도는 27℃를 표준으로 하시오.
4) 분할 무게는 45g씩으로 하시오.
5) 모양은 8자형 또는 트위스트형(꽈배기형)으로 만드시오.
 (단, 감독위원이 지정하는 모양으로 변경할 수 있음)
6) 반죽은 전량을 사용하여 성형하시오.

■ 배합표

재료명	비율(%)	무게(g)
강력분	80	880
박력분	20	220
설탕	10	110
쇼트닝	12	132
소금	1.5	16.5
분유	3	33
이스트	5	55
제빵개량제	1	11
바닐라 향	0.2	2.2
계란	15	165
물	46	506
넛메그	0.3	3.3
계	194	2134

■ 제조 공정

1. 유지를 제외한 가루분을 저속으로 1분 정도 혼합한 다음 계란, 물을 넣고 한 덩어리로 믹싱한다.

2. 클린업 상태가 되면 유지를 넣고 중속 또는 고속으로 글루텐을 (100%) 최종 단계까지 믹싱한다.

3. **1차 발효**

상태 : 2.5~3배 정도 발효시킨다.

발효시간 : 50~60분, 발효실 온도 : 27℃, 발효실 습도 : 75~80%

4. **분할, 둥글리기, 중간 발효**

완성된 반죽은 45g씩 분할하여 둥글리기하고 중간 발효 15~20분간 시킨다.

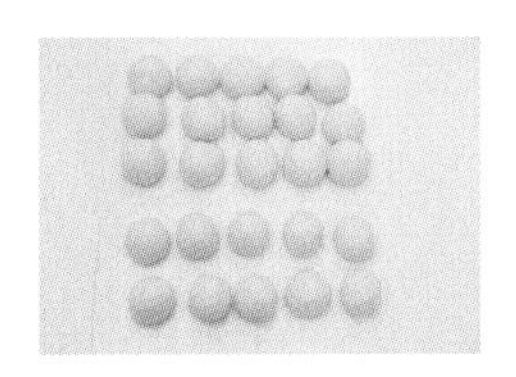

5. **성형, 팬닝**

· 꽈베기형 : 25cm 길이로 밀어 반죽 양끝을 잡고 서로 반대 방향으로 손바닥으로 돌려 꼬아 반으로 접어서 엇갈리게 꼬아준다.

· 8자형 : 20cm 길이로 밀어 8자형으로 한 바퀴 돌린 후 끝이 1cm 정도 머리가 나오도록 성형한다.

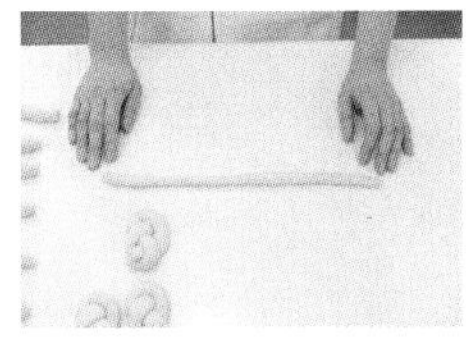
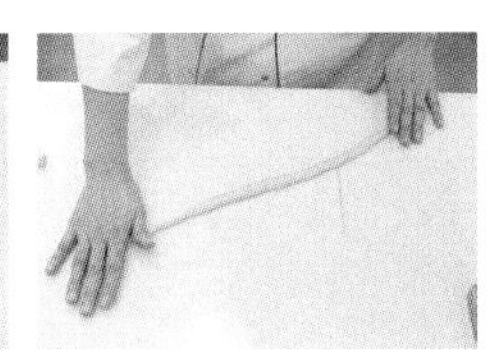

6. **2차 발효**

상태 : 시간보다는 반죽 상태를 보고 판단한다.

발효시간 : 25~30분, 발효실 온도 : 35~38℃

8. **튀기기**

180~185℃(나무젓가락으로 튀김기름 가운데 넣었을때 젓가락에 물방울처럼 기름이 보글보글 끓어 오르는 상태)의 기름에 건조한 윗부분을 먼저 들어가게 하여 (한쪽 면 1분 30초씩) 양면 3분 정도 황금색이 나도록 튀긴다.

9. **냉각**

적당히 냉각이 되면 도넛에 계피 설탕(계피 : 설탕 = 1 : 9)을 묻혀준다.

Bagle

베이글

시험시간 : 3시간 30분

생산량 : 16개
형태 : 링 모양
제조 방법 : 스트레이트법
반죽 온도 : 27℃

■ 요구 사항

※ 베이글을 제조하여 제출하시오.

1) 배합표의 각 재료를 계량하여 재료별로 진열하시오(7분).
2) 반죽은 스트레이트법으로 제조하시오.
3) 반죽 온도는 27℃를 표준으로 하시오.
4) 1개당 분할 중량은 80g으로 하고 링 모양으로 정형하시오.
5) 반죽은 전량을 사용하여 성형하시오.
6) 2차 발효 후 끓는 물에 데쳐 팬닝하시오.
7) 팬 2개에 완제품 16개를 구어 제출하시오.

■ 배합표

재료명	비율(%)	무게(g)
강력분	100	900
물	60	540
이스트	3	27
제빵개량제	1	9
소금	2.2	(20)
설탕	2	18
식용유	3	27
계	171.2	1541

■ 제조 공정

1. 유지를 제외한 가루분을 저속으로 1분 정도 혼합한 다음 식용유, 물을 넣고 한 덩어리로 믹싱한다.

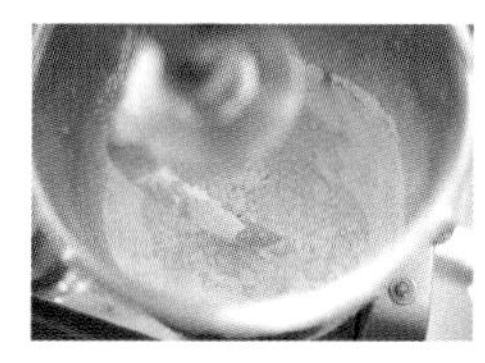

2. 위의 반죽을 중속 또는 고속으로 글루텐을(70~80%) 발전 후기 단계까지 믹싱한다.

3. **1차 발효**

상태 : 2.5~3배 정도 발효시킨다.
발효시간 : 40~50분, 발효실 온도 : 27℃, 발효실 습도 : 75~80%

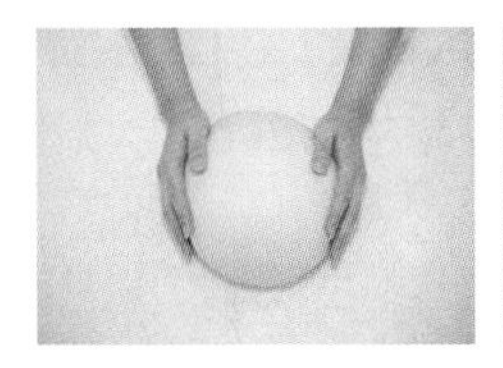  

4. **분할, 둥글리기, 중간 발효**

완성된 반죽은 80g씩 분할하여 둥글리기하고 중간 발효 15~20분간 시킨다.
(중간 발효 시간이 짧은 경우 밀어펴기, 성형이 어렵고, 과하게 진행되면 반죽이 지치게 된다.)

5. **성형, 팬닝**

반죽을 막대 모양으로 25~30cm로 밀어 편 후 반죽의 양 끝을 붙여 이음새를 단단하게 마무리 한 다음 팬에 8개씩 일정한 간격을 두고 배열한다.

6. **2차 발효**

상태 : 발효가 70~80% 정도 시킨다. (이때 데침용 물을 끓인다.)
발효시간 : 25~30분, 발효실 온도 : 35~33℃, 발효실 습도 : 75~80%

7. **데치기**

끓는 물에 반죽을 넣어 한 면을 20초 정도 데쳐 물기를 제거하고 철판 위에 팬닝한다.

8. **굽기**

윗불 200℃, 아랫불 190℃로 15~20분 정도 구워준다.
(오븐 위치에 따라 온도 차이가 있으며 윗면 색이 약간 날 때 철판의 위치를 바꾸어 고른 색이 나도록 한다.)

Grissini

그리시니

시험시간 : 2시간 30분

생산량 : 3철판
형태 : 긴 막대 모양
제조 방법 : 스트레이트법
반죽 온도 : 27℃

■ 요구 사항

※ 그리시니를 제조하여 제출하시오.

1) 배합표의 각 재료를 계량하여 재료별로 진열하시오(8분).
2) 전 재료를 동시에 투입하여 믹싱하시오. (스트레이트법).
3) 반죽 온도는 27℃를 표준으로 하시오.
4) 1차 발효시간은 30분 정도로 하시오.
5) 분할 무게는 30g, 길이는 35~40cm로 성형하시오.
6) 반죽은 전량을 사용하여 성형하시오.

■ 배합표

재료명	비율(%)	무게(g)
강력분	100	700
설탕	1	7
건조 로즈마리	0.14	1
소금	2	14
이스트	3	21
버터	12	84
올리브유	2	14
물	62	434
계	182.14	1275

■ 제조 공정

1. 유지를 포함한 전 재료를 믹싱볼에 넣고 발전 단계 초기까지 믹싱한다.

2. **1차 발효**

상태 : 발효 정도는 일반 빵에 비해 40~50% 정도 짧게 발효시킨다.
발효시간 : 30분, 발효실 온도 : 27℃, 발효실 습도 : 75~80%

3. **분할, 둥글리기, 중간 발효**

완성된 반죽은 30g씩 분할하여 둥글리기하고 중간 발효 10~15분간 시킨다.

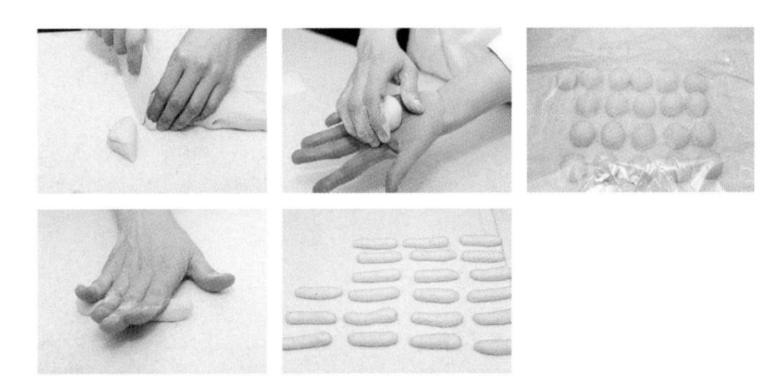

4. **성형, 팬닝**

한 번에 반죽을 길게 밀기 힘들므로 10cm 정도 밀어 편 다음 20cm → 35~40cm인 긴 막대 모양으로 성형한다.

평철판에 8~12개씩 간격을 맞추어 팬닝한다.

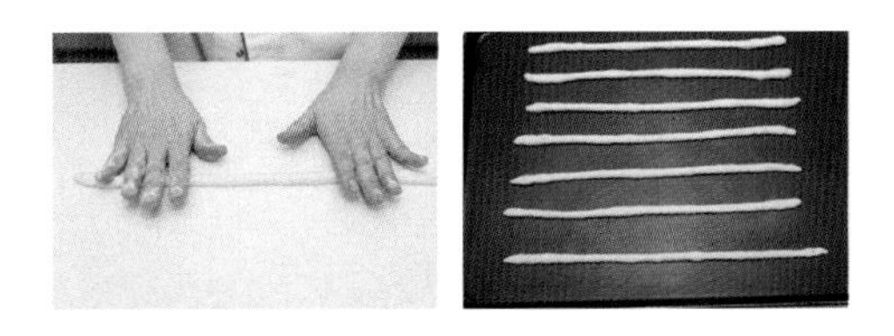

5. **2차 발효**

상태 : 발효 상태를 보고 판단한다.

발효시간 : 10~15분, 발효실 온도 : 32~35℃, 발효실 습도 : 75~80%

6. **굽기**

윗불 180℃, 아랫불 150℃로 10~15분 정도 구워준다.

(오븐 위치에 따라 온도 차이가 있으며 윗면 색이 약간 날 때 철판의 위치를 바꾸어 고른 색이 나도록 한다.)

Sausage Bread

소시지빵

시험시간 : 4시간

생산량 : 12개
형태 : 꽃잎형, 낙엽형
반죽 온도 : 27℃
제조 방법 : 스트레이트법

■ 요구 사항

※ 소시지 빵을 제조하여 제출하시오.

1) 반죽 재료를 계량하여 재료별로 진열하시오 (10분). (토핑 및 충전물 재료의 계량은 휴지 시간을 활용하시오.)
2) 반죽은 스트레이트법으로 제조하시오.
3) 반죽 온도는 27℃를 표준으로 하고 분할은 70g으로 하시오.
4) 반죽은 전량을 사용하여 분할하고, 완제품(토핑 및 충전물 완성)은 18개 제조하여 제출하시오.
5) 충전물은 발효 시간을 활용하여 제조하시오.
6) 정형 모양은 낙엽 모양과 꽃잎 모양의 2가지로 만들어서 제출하시오

■ 배합표

• 반죽

재료명	비율(%)	무게(g)
강력분	80	640
중력분	20	160
생이스트	4	32
제빵개량제	1	8
소금	2	16
설탕	11	88
마가린	9	72
탈지분유	5	40
계란	5	40
물	52	416
계	189	1512

• 토핑물

재료명	비율(%)	무게(g)
프랑크소시지	100	(720)
양파	72	504
마요네즈	34	238
피자치즈	22	154
케첩	24	168
계	252	1784

■ 제조 공정

1. 유지를 제외한 가루분을 저속으로 1분 정도 혼합한 다음 계란, 물을 넣고 한 덩어리로 믹싱한다.

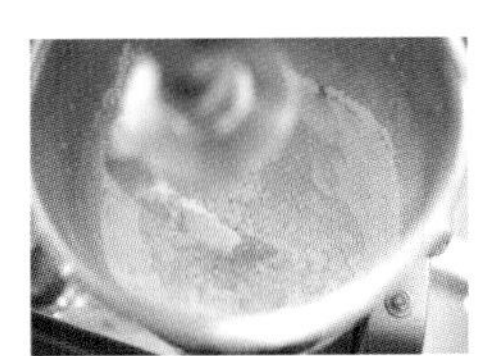
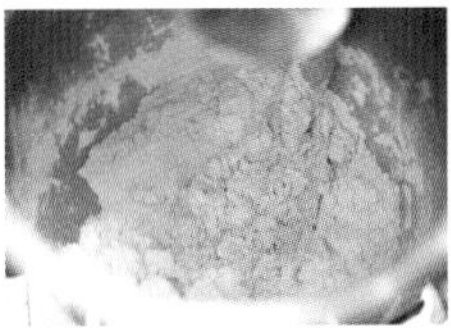

2. 클린업 상태가 되면 유지를 넣고 중속 또는 고속으로 글루텐을 (100%) 최종 단계까지 믹싱한다.

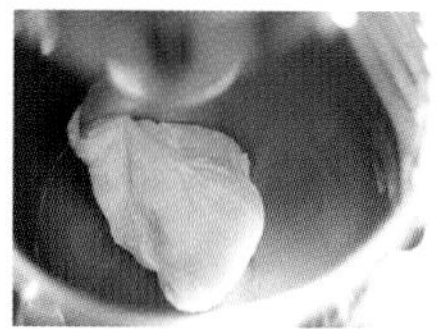

3. **1차 발효**

상태 : 2.5~ 3배 정도 발효시킨다.

발효시간 : 50~60분, 발효실 온도 : 27℃, 발효실 습도 : 75~80%

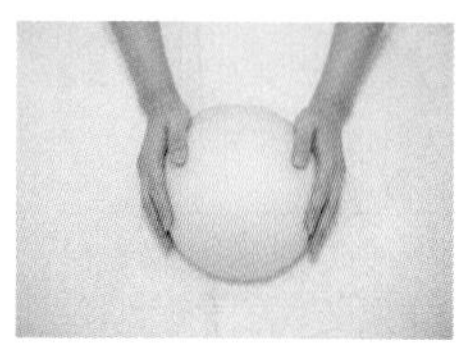

4. **충전물 준비하기**

양파를 손질하여 적당한 크기로 썰어 준비한 다음 마요네즈, 피자 치즈와 버무린다.

5. **분할, 둥글리기, 중간 발효**

완성된 반죽은 60g씩 분할하여 둥글리기하고 중간 발효 15~20분간 시킨다.

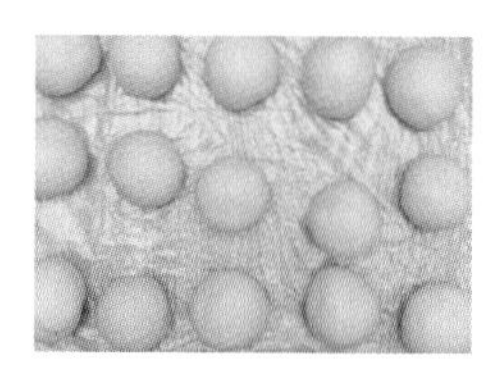

6. **성형, 팬닝**

반죽을 밀어편 후 프랑크소시지를 감싸 이음새가 바닥으로 균형을 잘 잡아서 성형한다. 철판에 6개씩 팬닝한 후 가위를 이용하여 낙엽 모양(9~10등분), 꽃 모양(8~10등분)으로 성형한다.

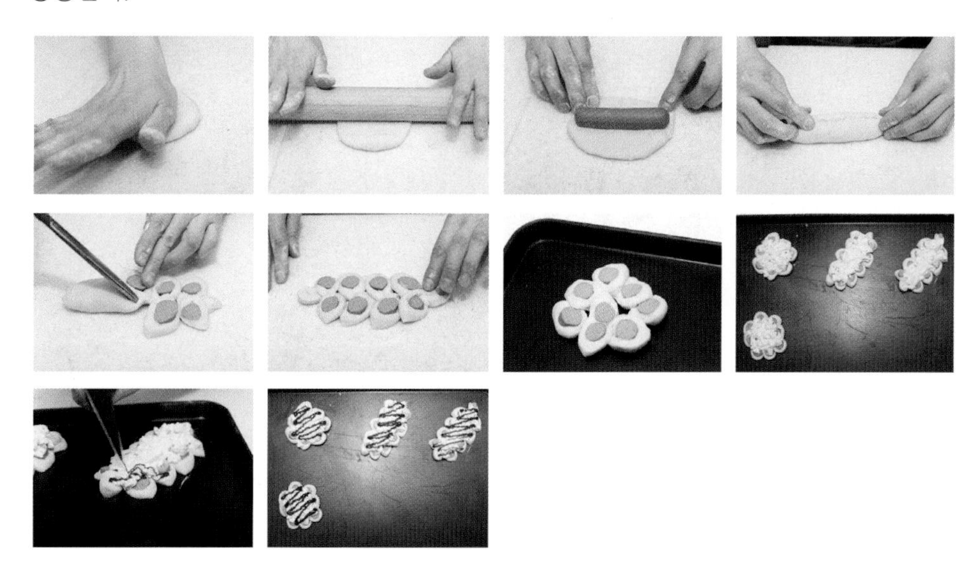

7. **2차 발효**

상태 : 발효 상태를 보고 판단한다.
발효시간 : 20~30분, 발효실 온도 : 35~ 38℃, 발효실 습도 : 75~80%

8. **토핑하기**

충전물을 적당히 윗면에 골고루 올린 후 마요네즈와 케첩을 뿌려준다.

9. **굽기**

윗불 190℃, 아랫불 160℃로 15~20분 정도 구워준다.
(오븐 위치에 따라 온도 차이가 있으며 윗면 색이 약간 날 때 철판의 위치를 바꾸어 고른 색이 나도록 한다.)

Mocha Bread

모카빵

시험시간 : 4시간

생산량 : 9~10개
형태 : 타원형 (럭비공 모양)
제조 방법 : 스트레이트법
반죽 온도 : 27℃

■ 요구 사항

※ 모카 빵을 제조하여 제출하시오.

1) 배합표의 빵 반죽 재료를 계량하여 재료별로 진열하시오(11분).
2) 반죽은 스트레이트법으로 제조하시오.
   (단, 유지는 클린업 단계에서 첨가하시오.).
3) 반죽 온도는 27℃를 표준으로 하시오.
4) 반죽 1개의 분할 무게는 250g, 1개당 비스킷은 100g씩으로 제조하시오.
5) 제품의 형태는 타원형(럭비공 모양)으로 제조하시오.
6) 토핑용 비스킷은 주어진 배합표에 의거 직접 제조하시오.
7) 반죽은 전량을 사용하여 성형하시오.

■ 배합표

• 반죽

재료명	비율(%)	무게(g)
강력분	100	1100
물	45	495
이스트	5	55
제빵개량제	1	11
소금	2	22
설탕	15	165
버터	12	132
탈지분유	3	33
계란	10	110
커피	1.5	16.5
건포도	15	165
계	209.5	2304.5

• 토핑물

재료명	비율(%)	무게(g)
박력분	100	500
버터	20	100
설탕	40	200
계란	24	120
베이킹파우더	1.5	7.5
우유	12	60
소금	0.6	3
계	198.1	990.5

■ 제조 공정

1. 유지와 건포도(전처리 해둠)를 제외한 가루분을 저속으로 1분 정도 혼합한 다음(물+커피분말), 계란을 넣고 한 덩어리로 믹싱한다.

2. 클린업 상태가 되면 유지를 넣고 중속 또는 고속으로 글루텐을 (100%) 최종 단계까지 믹싱한 후 전처리 한 건포도를 넣고 저속으로 혼합한다.

3. **1차 발효**

상태 : 반죽 부피의 2.5~3배 정도 크기까지 한다.

발효시간 : 50~60분, 발효실 온도 : 27℃, 발효실 습도 : 75~80%

4. **비스킷 만들기(크림법)**

① 볼에 버터를 거품기로 부드럽게 풀어준 후 설탕, 소금을 넣고 크림 상태로 만든다.

② 계란을 2~3회 나누어 넣고 전체적으로 부드러운 크림 상태로 한다.

③ 체에 내린 박력분, 베이킹파우더를 넣어 주걱으로 혼합한 후 우유를 넣어 한 덩어리로 만든다.

④ 완성된 반죽은 냉장고에 휴지시킨다.

⑤ 비스킷 반죽을 100g씩 분할한다.

5. **분할, 둥글리기, 중간 발효**

완성된 반죽은 250g씩 분할하여 중간 발효 15~20분간 시킨다.

(중간 발효 시간이 짧은 경우 밀어펴기, 성형이 어렵고, 과하게 진행되면 반죽이 지치게 된다.)

6. **성형, 팬닝**

반죽을 밀대로 타원형으로 밀어 펴 타원형으로 말아준다. 비스킷 반죽은 밀대를 사용하여 3~4mm 두께로 밀어 펴준다.

타원형으로 성형한 반죽에 물 칠을 하고 그 위에 비스킷 반죽을 감싸 철판에 3개씩 배열한다.

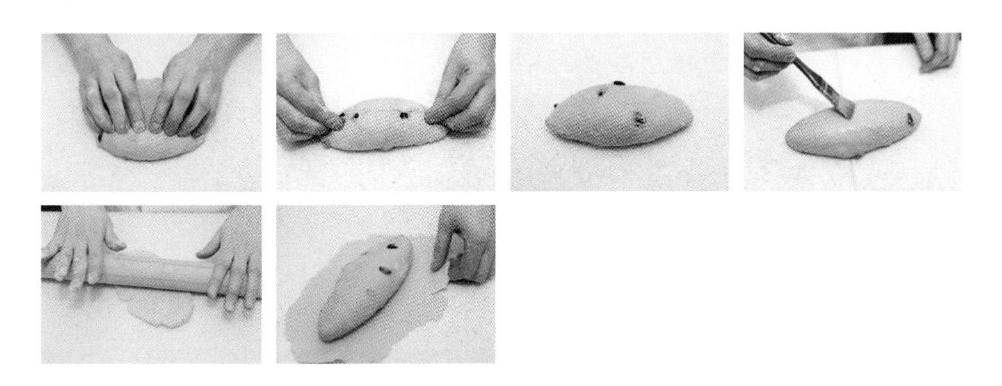

7. **2차 발효**

상태 : 시간보다 상태를 보고 판단한다.

발효시간 : 30~35분, 발효실 온도 : 33~38℃, 발효실 습도 : 85%

8. **굽기**

윗불 180℃, 아랫불 160℃로 25~30분 정도 굽는다.

Dutch Bread

더치빵

시험시간 : 4시간

생산량 : 7개
형태 : 봉상형
(막대 모양)
제조 방법: 스트레이트법
반죽 온도: 27℃

■ 요구 사항

※ 더치빵을 제조하여 제출하시오.

1) 더치빵 반죽 재료를 계량하여 재료별로 진열하시오(9분)
2) 반죽은 스트레이트법으로 제조하시오.
(단, 유지는 클린업 단계에 첨가하시오.)
3) 반죽 온도는 27℃를 표준으로 하시오.
4) 토핑용 반죽의 온도는 27℃를 표준으로 하여 빵 반죽에 토핑할 시간을 맞추어 발효시키시오.
5) 빵 반죽은 1개당 300g씩 분할하시오.
6) 반죽은 전량을 사용하여 성형하시오.

■ 제조 공정

1. 유지를 제외한 가루분을 저속으로 1분 정도 혼합한 다음 흰자, 물을 넣고 한 덩어리로 믹싱한다.

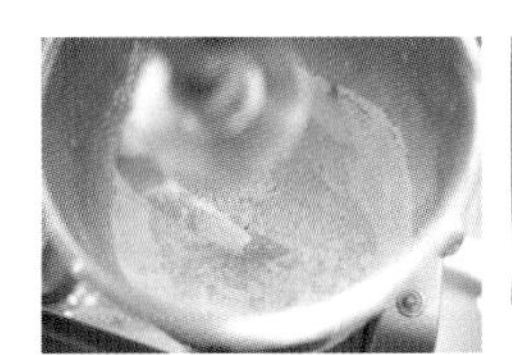
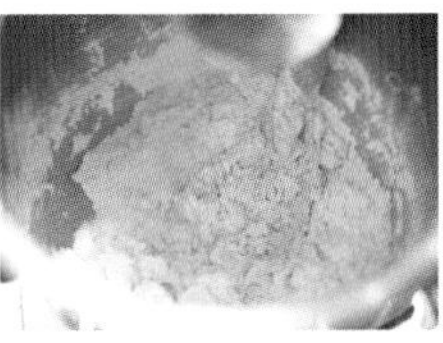

■ 배합표

· 반죽

재료명	비율(%)	무게(g)
강력분	100	1100
물	60	660
이스트	3	33
제빵개량제	1	11
소금	1.8	20
설탕	2	22
쇼트닝	3	33
탈지분유	4	44
흰자	3	33
계	177.8	1956

· 토핑물

재료명	비율(%)	무게(g)
멥쌀가루	100	200
중력분	20	40
이스트	2	4
설탕	2	4
소금	2	4
물	85	170
마가린	30	60
계	241	482

2. 클린업 상태가 되면 유지를 넣고 중속 또는 고속으로 글루텐을 (95~100%) 최종 단계까지 믹싱한다.

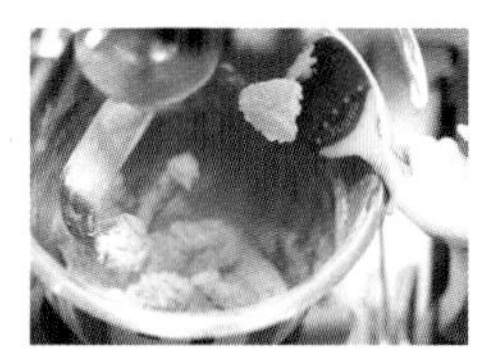
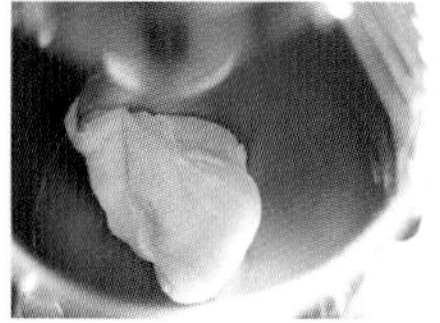

3. **1차 발효**

상태 : 2.5~3배 정도 발효시킨다.

발효시간 : 60~70분, 발효실 온도 : 27℃, 발효실 습도 : 75~80%

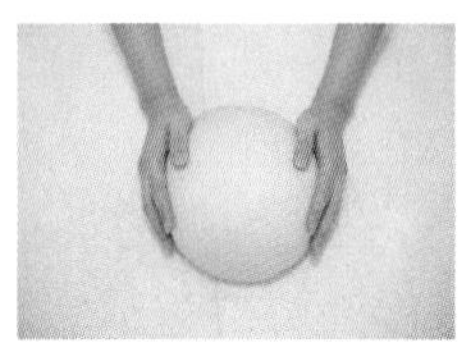

4. **토핑물**

물과 이스트를 잘 풀어준 다음 유지를 제외한 가루분을 넣고 고루 섞는다. (반죽 온도 27℃)

발효실에 넣어 1시간 정도 발효시킨 후 용해시킨 유지를 넣어 혼합한다.

(용해시킨 유지를 넣고 발효시켜도 된다.)

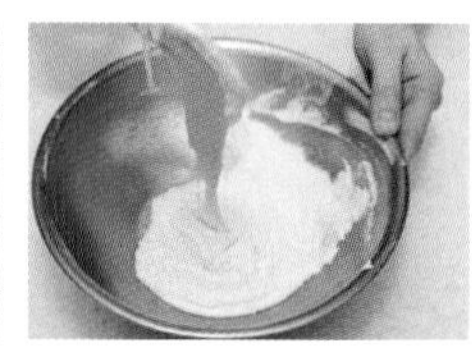

5. **분할,둥글리기, 중간 발효**

완성된 반죽은 300g씩 분할하여 둥글리기하고 중간 발효 15~20분간 시킨다.

(중간 발효 시간이 짧은 경우 밀어펴기, 성형이 어렵고 과하게 진행되면 반죽이 지치게 된다.)

6. **성형, 팬닝**

밀대를 사용하여 타원형으로 밀어 펴서 럭비공 모양으로 성형한 후 오븐팬에 3씩 배열한다.

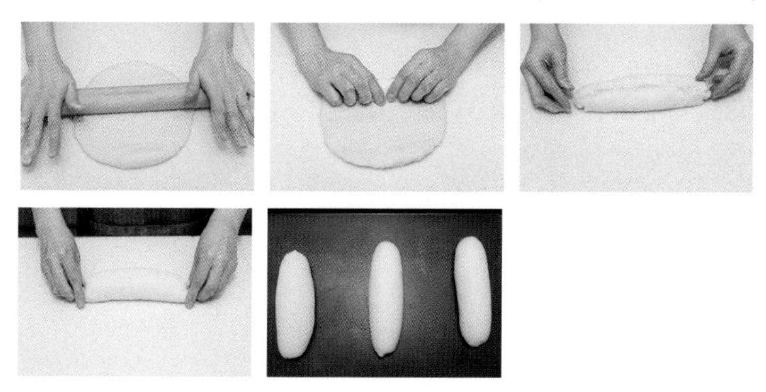

7. **2차 발효**

상태 : 시간보다는 반죽 상태를 보고 판단한다. (85~90% 정도만 발효시킨다.)

발효시간 : 25~30분, 발효실 온도 : 35~38℃, 발효실 습도 : 75~80%

8. **토핑물 바르기**

발효실에서 꺼낸 반죽을 실온에서 5분간 말린 후 토핑물을 표면에 스패튤러를 이용하여 바른다.

※너무 두껍게 바르면 균열이 크고, 얇게 바르면 균열이 생기지 않으므로 적당히 바른다.

9. **굽기**

윗불 190℃, 아랫불 160℃로 25~30분 정도 굽는다.

Sweet Roll

스위트 롤

시험시간 : 4시간

생산량 : 50개
형태 : 야자잎형
세잎새형
반죽 온도 : 27℃
제조 방법 : 스트레이트법

■ 요구 사항

※ 스위트 롤을 제조하여 제출하시오.

1) 배합표의 각 재료를 계량하여 재료별로 진열하시오(11분).
2) 반죽은 스트레이트법으로 제조하시오.
(단, 유지는 클린업 단계에 첨가하시오.)
3) 반죽 온도는 27℃를 표준으로 사용하시오.
4) 야자잎형, 트리플리프(세잎새형)의 2가지 모양으로 만드시오.
5) 계피 설탕은 각자가 제조하여 사용하시오.
6) 반죽은 전량을 사용하여 성형하시오.

■ 배합표

재료명	비율(%)	무게(g)
강력분	100	1200
물	46	552
이스트	5	60
제빵개량제	1	12
소금	2	24
설탕	20	240
쇼트닝	20	240
분유	3	36
계란	15	180
계	212	2544
충전용 설탕	15	180
충전용 계핏가루	1.5	18

■ 제조 공정

1. 유지를 제외한 가루분을 저속으로 1분 정도 혼합한 다음 물, 계란을 넣고 한 덩어리로 믹싱한다.

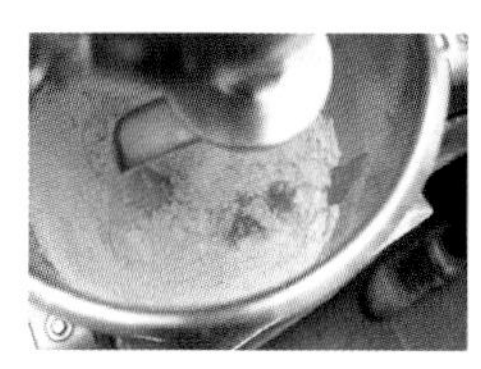
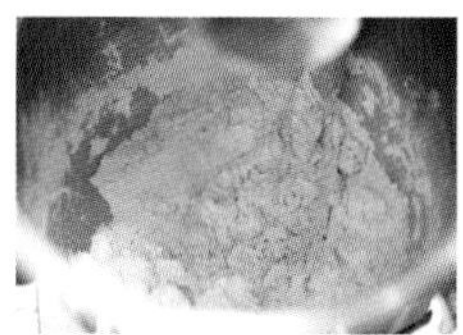

2. 클린업 상태가 되면 유지를 넣고 중속 또는 고속으로 글루텐을 (95~100%) 최종 단계까지 믹싱한다.

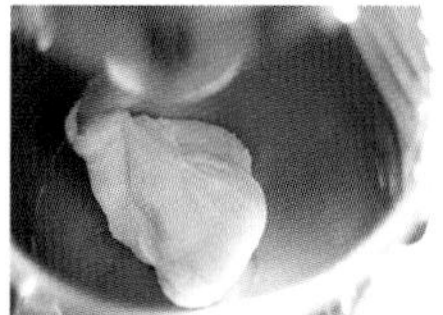

3. **1차 발효**

상태 : 2.5~3배 정도 발효시킨다.

발효시간 : 60~70분, 발효실 온도 : 27℃, 발효실 습도 : 75~80%

4. **분할, 반죽 밀어 펴기, 말기**

전체 반죽의 1/2 또는 1/4 정도 분할한다.

반죽을 세로 25~30cm, 두께 0.5~0.6cm 직사각형으로 밀어 편다.

가장자리 1cm 정도 남기고 나머지 부분은 용해시킨 버터를 붓으로 고르게 바른다.

그 위에 충전용 계피 설탕을 균일하게 뿌려 원통형으로 말아준다. (너무 단단하게 말면 가운데 부분이 위로 솟아오른다.)

(계피 설탕을 너무 과도하게 뿌리면 제품이 깔끔하지 않고 너무 적을 경우에는 선이 선명하기 않다.)

남겨둔 가장자리 1cm 부분에는 물 칠을 하고 이음새를 붙인다.

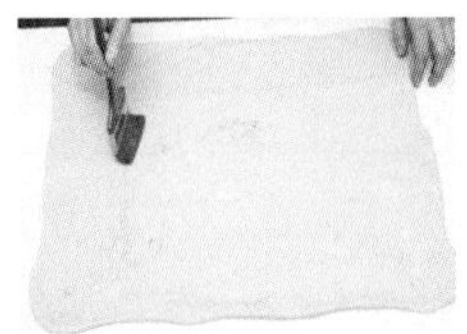
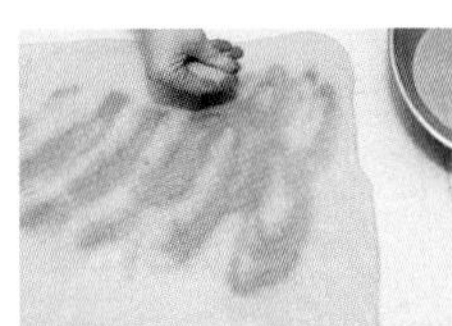
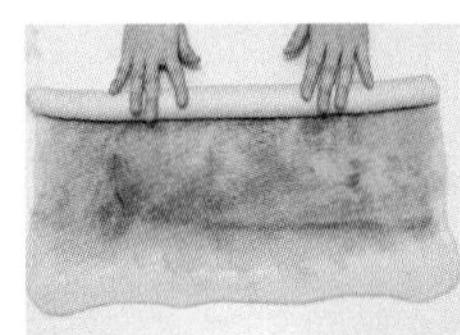
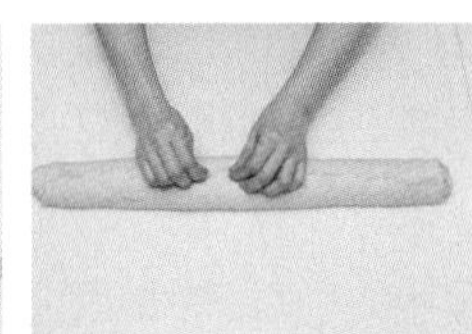

5. **절단 및 성형, 팬닝**

· 야자잎형(Palm leaf) : 스크레이퍼를 이용하여 폭 4cm 정도로 자른 후 2/3 정도 잘라서 좌우 방향으로 벌려 오븐팬에 배열한다.

· 세잎형(Triple leaves) : 스크레이퍼를 이용하여 폭 5cm 정도 자른 후 3등분으로 나누어 모양을 만든 후 오븐팬에 배열한다.

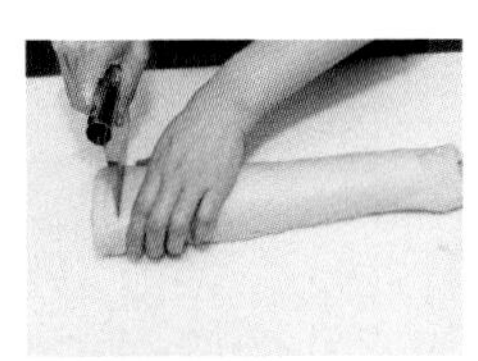

6. **2차 발효**

상태 : 시간보다는 반죽 상태를 보고 판단한다.

발효시간 : 25~35분, 발효실 온도 : 35~43℃, 발효실 습도 : 85~90 %

7. **굽기**

윗불 190℃, 아랫불 160℃로 10~15분 정도 굽는다.

Rye Bread

호밀빵

시험시간 : 4시간

생산량 : 7개
형태 : 타원형
(럭비공 모양)
제조 방법 : 스트레이트법
반죽 온도 : 27℃

■ 요구 사항

※ 호밀빵을 제조하여 제출하시오.

1) 배합표의 각 재료를 계량하여 재료별로 진열하시오(10분).
2) 반죽은 스트레이트법으로 제조하시오.
3) 반죽 온도는 25℃를 표준으로 하시오.
4) 표준 분할 무게는 330g으로 하시오.
5) 제품의 형태는 타원형(럭비공 모양)으로 제조하고, 칼집 모양을 가운데 일자로 내시오.
6) 반죽은 전량을 사용하여 성형하시오.

■ 배합표

재료명	비율(%)	무게(g)
강력분	70	770
호밀가루	30	330
이스트	2	22
제빵개량제	1	11
물	60~63	660~693
소금	2	22
황설탕	3	33
쇼트닝	5	55
분유	2	22
당밀	2	22
계	177~180	1947~1980

■ 제조 공정

1. 유지를 제외한 가루분을 저속으로 1분 정도 혼합한 다음 물을 넣고 한 덩어리로 믹싱한다.

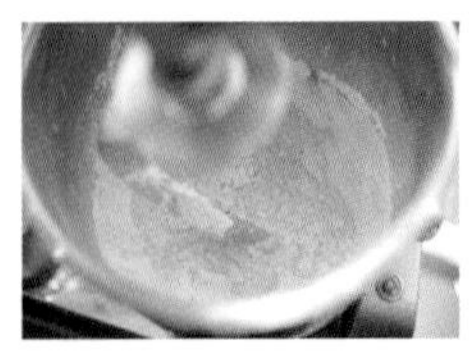

2. 클린업 상태가 되면 유지를 넣고 중속 또는 발전 후기 단계까지 믹싱한다.

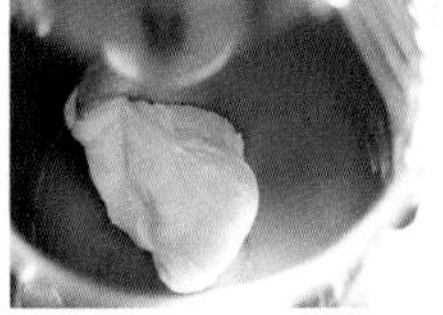

3. **1차 발효**

상태 : 2.5~3배 정도 발효시킨다.
발효시간 : 60~70분, 발효실 온도 : 27℃, 발효실 습도 : 75~80%

4. **분할, 둥글리기, 중간 발효**

완성된 반죽은 원로프형 330g씩 분할하여 둥글리기하고 중간 발효 15~20분간 시킨다.

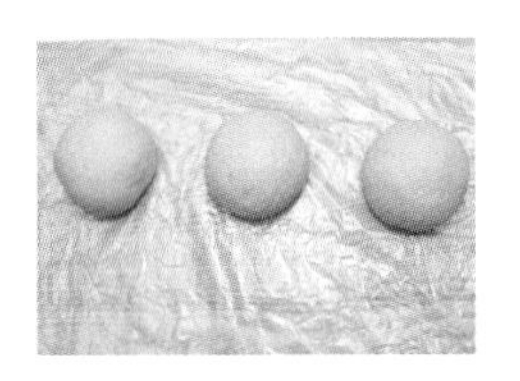

5. **성형 및 팬닝**

원로프(one loaf)형 : 반죽을 밀대를 이용하여 타원형으로 밀어 위에서 아래로 말아 25~30cm 정도의 길이로 둥근막대 모양으로 성형하여 오븐팬에 2~3개씩 배열한다.

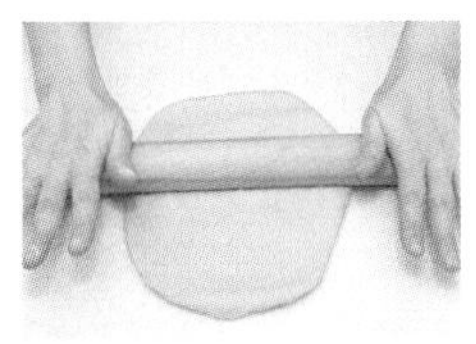

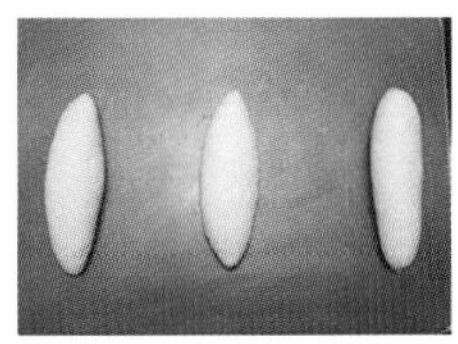

6. **2차 발효**

상태 : 시간보다는 반죽 상태를 보고 판단한다.
발효시간 : 30~40분, 발효실 온도 : 35~38℃, 발효실 습도 : 80~85%

7. **굽기**

2차 발효가 완료된 반죽은 윗면을 1분 정도 건조시킨다.
윗면에 가루분을 뿌린 후 칼집을 넣고 굽는다.
윗불 190℃, 아랫불 170℃로 25~30분 정도 굽는다.

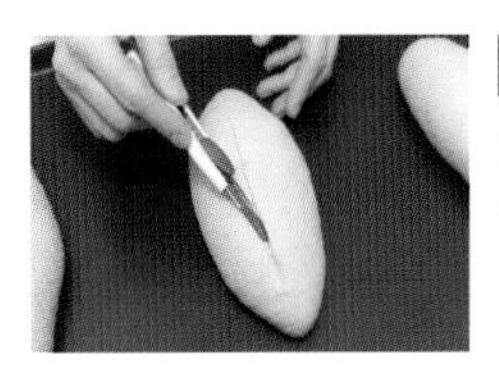
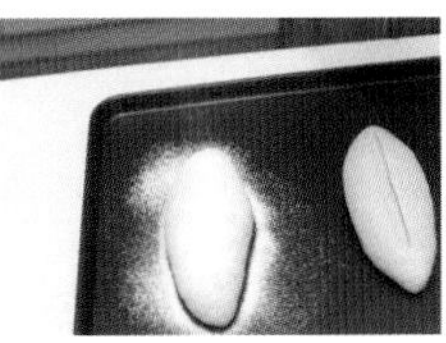
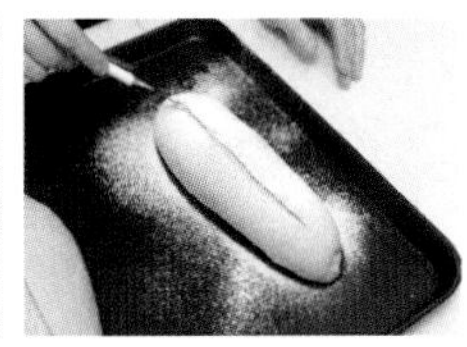

French Bread

불란서빵

시험시간 : 4시간

생산량 : 8개
형태 : 봉상형
(막대 모양)
제조 방법 : 스트레이트법
반죽 온도 : 24℃

■ 요구 사항

※ 불란서빵을 제조하여 제출하시오.

1) 배합표의 각 재료를 계량하여 재료별로 진열하시오(5분).
2) 반죽은 스트레이트법으로 제조하시오.
3) 반죽 온도는 24℃를 표준으로 하시오.
4) 반죽은 200g 씩으로 분할하고, 막대 모양으로 만드시오. (단, 막대 길이는 30cm, 3군데에 자르기를 하시오.)
5) 반죽은 전량을 사용하여 성형하시오.

■ 배합표

재료명	비율(%)	무게(g)
강력분	100	1000
물	65	650
이스트	3.5	35
제빵개량제	1.5	15
소금	2	20
계	172	1710

■ 제조 공정

1. 가루분을 저속으로 1분 정도 혼합한 다음 물을 넣고 한 덩어리로 믹싱한다.

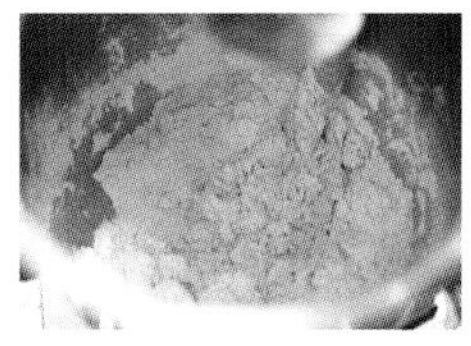

2. 한 덩어리가 된 반죽은 중속 또는 고속으로 변속하여 일반 반죽에 비해 70~80% 정도 믹싱한다.

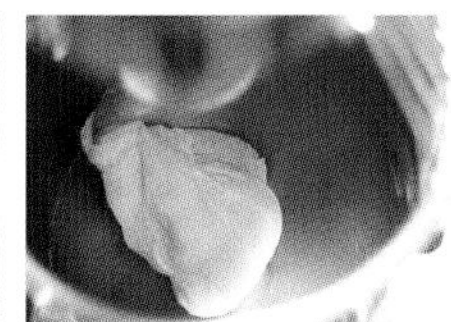

3. **1차 발효**

상태 : 2.5~3배 정도 발효시킨다.

발효시간 : 60~100분, 발효실 온도 : 27℃, 발효실 습도 : 70 ~ 75%

4. **분할, 둥글리기, 중간 발효**

완성된 반죽은 200g씩 분할하여 둥글리기하고 중간 발효 15~20분간 시킨다.

5. **성형, 팬닝**

반죽을 밀대로 밀어 펴서 3등분으로 접어 길이가 30cm(일반 평철판) 둥근 막대 모양으로 성형 한 후 이음새를 터지지 않도록 봉하여 팬에 놓는다.

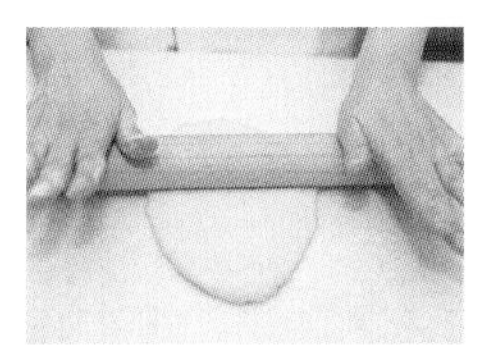
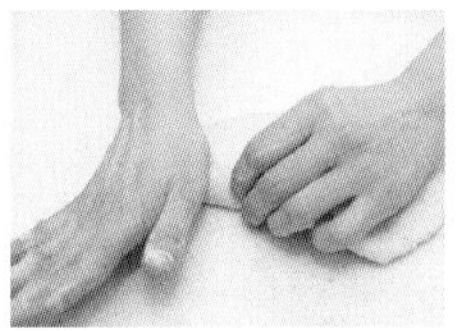
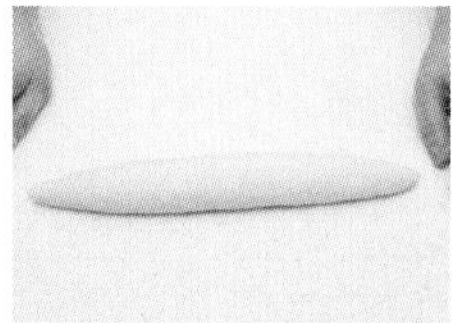
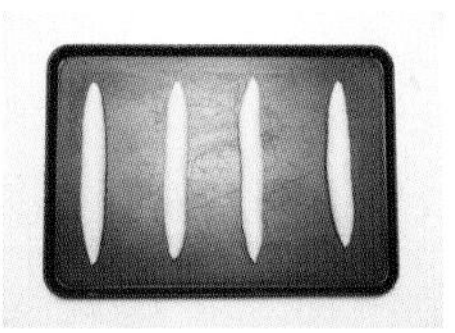

6. **2차 발효**

상태 : 시간보다는 반죽 상태를 보고 판단한다.

발효시간 : 50~70분, 발효실 온도 : 30~33℃, 발효실 습도 : 70~75%

7. **표면에 칼집 넣기**

발효가 완료된 반죽은 표피를 건조시킨 후 길이 5cm, 깊이 1cm, 폭 1cm 정도 3군데 칼집 내어 물을 분무한다.

(발효를 너무 많이 시키면 칼집을 넣기가 힘이 들므로 80% 정도 발효시킨다.)

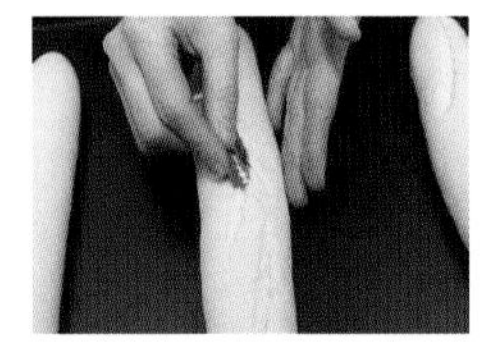
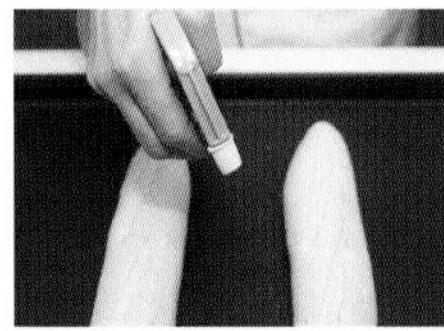

8. **굽기**

윗불 230℃, 아랫불 220℃에 10분 정도 구운 후에 170℃로 온도를 낮추어 30분 전후로 구워 준다. (스팀 오븐이 없을 경우에는 바게트를 오븐에 넣고 바로 2~3초간 분무기로 오븐 안쪽에 물을 뿌려 스팀을 준다.)

Danish Pastry

· *Danish Pastry* ·

데니시 페이스트리

시험시간 : 4시간 30분

생산량 : 48개
형태 : 초생달형, 달팽이형, 바람개비형
제조 방법 : 스트레이트법
반죽 온도 : 20℃

■ 요구 사항

※ 데니시 페이스트리를 제조하여 제출하시오.

1) 배합표의 각 재료를 계량하여 재료별로 진열하시오(10분).
2) 반죽을 스트레이트법으로 제조하시오.
3) 반죽 온도는 20℃를 표준으로 하시오.
4) 모양은 달팽이형, 초생달형, 바람개비형 등 감독위원이 선정한 2가지를 만드시오.
5) 접기와 밀어 펴기는 3겹 접기 3회로 하시오.
6) 반죽은 전량을 사용하여 성형하시오.

■ 배합표

재료명	비율(%)	무게(g)
강력분	80	720
박력분	20	180
물	45	405
이스트	5	45
소금	2	18
설탕	15	135
마가린	10	90
분유	3	27
계란	15	135
계	195	1755
롤인유지	총 반죽의 30%	526.5

■ 제조 공정

1. 유지와 충전용 유지를 제외한 가루분을 저속으로 1분 정도 혼합한 다음 계란, 물을 넣고 한 덩어리로 믹싱한다.

2. 한 덩어리가 된 반죽은 중속 또는 고속으로 변속하여 일반 반죽에 비해 70~80% 정도 발전단계 초기까지 믹싱한다.

3. **냉장 휴지**

믹싱한 반죽을 비닐로 싸서 5~6℃의 냉장고에 30~40분 정도 휴지시킨다.

4. **충전용 유지 싸기**

충전용 유지는 비닐에 싸서 정사각형으로 만들어 준다.

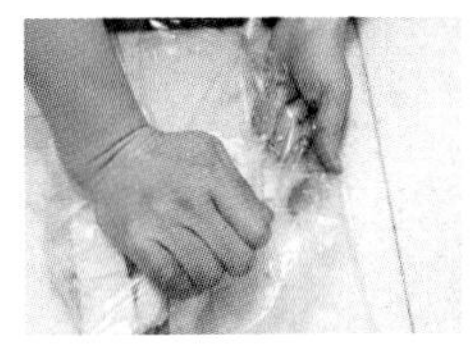
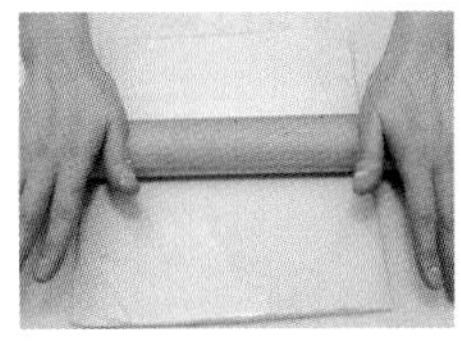

5. **접기와 밀어 펴기**

3절 3회로 냉장고에 30분씩 휴지시키면서 반복한다.
휴지시키면서 (방향을 돌려 밀어펴기를)반복한다.

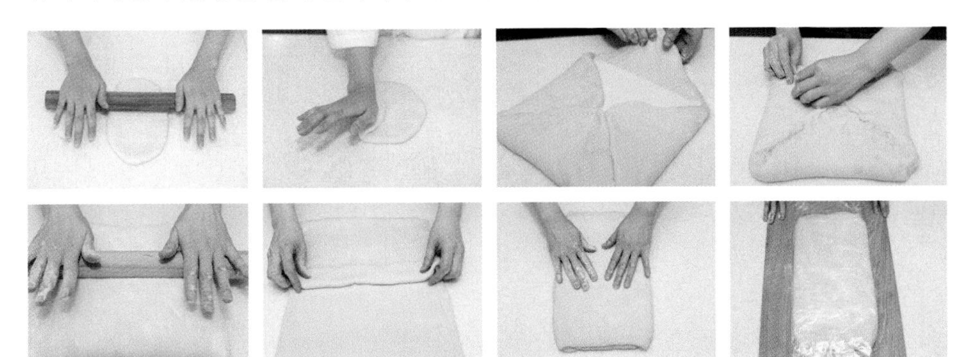

6. **재단, 성형 및 팬닝**

- 초생달형(croissant) : 반죽의 두께를 3~4mm로 밀어 편 후, 높이 20cm, 밑면 10cm의 이등변삼각형으로 재단한다. 밑면 쪽 중앙에 1cm 정도 칼질을 내고 반죽을 양쪽으로 밀면서 돌돌 말은 다음 팬닝한다.
- 달팽이형 : 반죽의 두께를 1cm로 밀어 편 후 가로 1cm, 세로 30cm의 긴 막대 모양으로 자른 다음 반죽의 양쪽 끝을 잡고 엇갈리게 비튼 후 달팽이 형으로 돌돌 말아 성형한다.
- 포켓형 : 반죽의 두께를 0.3cm로 밀어 편 후 가로세로 정사각형 10cm로 재단한 후 엇갈리게 접어 포켓형으로 만든다.

- 바람개비형 : 반죽의 두께를 0.3cm로 밀어 편 후 가로세로 정사각형 10cm로 재단한 후 정사각형 중심에서 1~1.5cm만 남겨 놓고 모서리를 자른 후 바람개비 모양으로 만든다.

※같은 모양끼리 배열한 후 계란 물을 바른다.

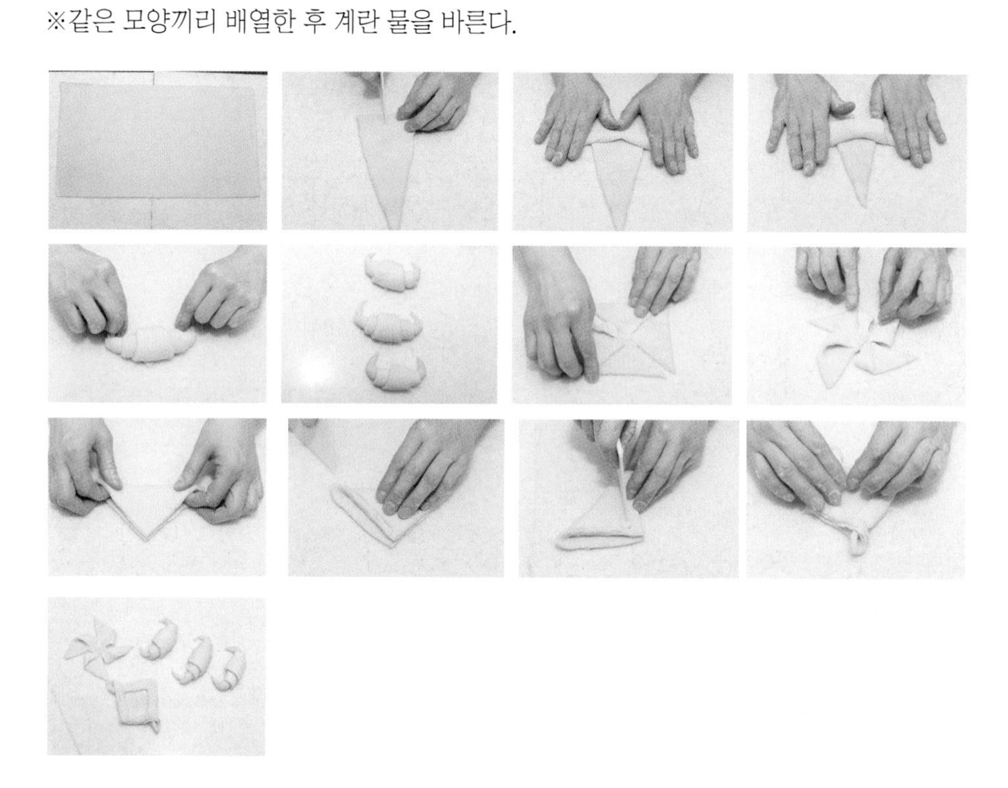

7. **2차 발효**

상태 : 시간보다는 반죽 상태를 보고 판단한다. (일반 빵보다 70~80% 정도 작은 크기로 발효시킨다.)

발효시간 : 30~40분, 발효실 온도 : 28~33℃, 발효실 습도 : 70~75%

8. **굽기**

윗불 210℃, 아랫불 160℃에 10~15 정도 구워준다.

10 CHAPTER

제과제빵 이론

French Desserts and Baking

01 >
제과 이론

빵은 서양인의 주식인데 반해 과자는 여러 가지 곡식 가루에 부재료들을 섞어서 만든 것으로 주식 이외에 먹는 기호 식품을 말한다. 빵 과자를 구분하는 기준은 이스트 사용 여부, 설탕 배합량의 많고 적음, 밀가루의 종류, 반죽 상태 등이 있으나 편의상 이스트 사용 유무를 기준으로 하고 있다.

1. 제과의 분류

과자를 분류하는 방법은 매우 다양한데 보편적으로 팽창 형태, 가공 형태, 반죽 특성, 익히는 방법, 지역적 특성, 수분 함량 등에 의한 분류가 있다.

1) 팽창 형태에 따른 분류

(1) 화학적 팽창 방법

과자 제품을 분류하는 가장 일반적인 분류 방법으로, 베이킹파우더 같은 팽창제에 의존하여 만든 제품으로 레이어 케이크, 반죽형 케이크 도넛, 비스킷, 반죽형 쿠키, 케이크 머핀, 와플, 팬케이크, 핫케이크, 과일케이크 등이 있다.

(2) 물리적 팽창(공기팽창) 방법

계란의 신장성과 공기 포집성을 이용하여 형성된 공기가 제품에 부피를 주는 것으로 스펀지 케이크, 흰자를 주재료로 한 다쿠와즈, 시퐁 케이크, 머랭 거품형 반죽 쿠키 등이 있다.

(3) 유지에 의한 팽창 방법

밀가루 반죽에 유지를 넣고 접어서 밀어 펴기를 하여 층을 형성하게 하여 굽는 동안 유지 층이 녹으면서 발생하는 증기압에 의하여 제품을 부풀도록 하는 방법이다. 퍼프 페스트리, 파이 등이 있다.

(4) 무팽창 방법

반죽 자체에 아무런 팽창을 주지 않고 단지 수증기압의 영향을 받아 조금 팽창시키는 방법으로 아메리칸 파이, 쿠키, 비스킷 등이 있다.

(5) 복합형 팽창 방법

두 가지 이상의 팽창 형태를 병용해 부풀리는 방법이다. 이스트 팽창+화학적 팽창, 이스트 팽창+공기 팽창, 화학적 팽창+물리적 (공기)팽창 등의 방법이 있다.

2) 가공 형태에 따른 분류

(1) 케이크류

① 양과자류 : 반죽형, 거품형, 시퐁형의 서구식 과자 등
② 생과자류 : 수분 함량(30% 이상)이 높은 과자류로 만주류, 일본식 과자(화과자) 등 상당수가 여기에 속한다.
③ 페이스트리류 : 퍼프 페이스트리, 각종 파이류 등
④ 건과자류 : 일반적인 쿠키류가 여기에 속하며 수분 함량(5% 이하)이 낮은 과자, 비스킷, 쿠키, 크래커, 프띠-푸르 등
⑤ 냉과류 : 무스, 바바로와, 셔벗, 아이스크림, 수플레, 파르페 등

(2) 데커레이션 케이크

스펀지를 이용한 기본 제품에 여러 가지 장식을 하여 맛과 시각적 효과를 높인 케이크이다. 모조 케이크와 다른 점은 먹을 수 있는 제품으로 만들어져야 한다는 것이다.

(3) 공예과자

① 미적 효과를 살린 과자로서 데커레이션 케이크와 다른 점은 공예 과자는 먹을 수 없는 재료의 사용이 가능하다는 것이다.

② 마지팬, 검 페이스트, 엿, 누가, 비스킷, 머랭, 얼음

(4) 초콜릿 과자

초콜릿을 이용한 과자로서, 초콜릿 자체를 녹여 생크림 등을 섞은 후 여러 모양으로 만들어 굳힌 것과 녹인 초콜릿을 다른 것에 입힌 것 등이 있다.

(5) 캔디류

설탕을 주재료로 사용하여 만든 제품이다.

(6) 익히는 방법에 따른 분류

구움과자(보통 과자류), 튀김과자(도넛류), 찜과자, 냉과 등

(7) 지역 특성에 따른 분류

한과(韓菓), 양과(洋菓), 중화과자, 화과자 등

2. 과자 반죽의 분류

1) 반죽형 반죽(batter type paste)

반죽형 케이크는 기본 재료인 밀가루, 계란, 설탕, 유지에 우유나 물을 넣고 화학적 팽창제를 사용하여 오븐에 구워내는 형으로 오븐 피니시형(oven finish type)이라고도 한다.

배터 반죽의 특징은 유지와 설탕을 혼합하여 크림을 만든 후 건조 재료를 넣어 반죽하는 것이다. 배터 케이크는 일반 스펀지 케이크 보다 유연성은 약하나 오래 보관할 수 있다는 장점이 있다. 반죽형 반죽을 만드는 방법은 다음 5가지이다.

(1) 크림법(creaming method, 슈거 쇼트닝 배터법, 슈거 배터법)

유지와 설탕을 섞어 크림 상태로 만든 다음 계란을 2~3회 나누어 넣고 가볍게 혼합하고 마지막으로 가루 재료와 물을 넣고 가볍게 혼합한다. 이 제품은 부피가 큰 케이크를 만들기에 알맞은 반죽법이다.

(2) 블랜딩법(blending method, 플라워 쇼트닝 배터법, 플라워 배터법)

밀가루와 유지를 섞어 밀가루가 유지를 피복시킨 다음 건조 재료(설탕, 탈지분유, 소금 등)와 액체 재료를 넣어 섞는 방법이다. 장점으로는 밀가루와 유지와 먼저 결합, 글루텐이 만들어지지 않으므로 유연감이 좋은 제품을 만들기에 적합하다는 것이다.

(3) 1단계법(single stage method, all in mixing method)

모든 재료를 한꺼번에 넣고 믹싱하는 방법으로 믹서의 성능이 좋은 경우나 화학 팽창제를 사용하는 제품에 적용된다. 장점은 모든 재료를 한꺼번에 반죽하므로 노동력과 제조시간이 짧아진다는 점이다.

(4) 설탕, 물반죽법(sugar/water method)

설탕에 물(설탕의 1/2)을 넣고 설탕을 녹인 다음 가루 재료를 넣어 섞고 계란을 넣어 반죽을 마무리하는 방법이다. 장점으로는 설탕을 물에 녹여 쓰므로 당분이 반죽 전체에 골고루 퍼지고 그 결과 껍질 색이 곱게 난다는 것과 반죽에 설탕 입자가 남아 있지 않아 반죽 도중에 긁어낼(스크래핑 : scraping) 필요가 없다. 이 방법은 고운 속결의 제품 생산, 계량의 정확성과 운반의 편리성으로 대량 생산 현장에서 많이 이용된다.

2) 거품형 반죽(foam type paste)

계란 단백질의 신장성, 기포성과 변성되는 계란의 응고성 성질을 이용한 케이크로 흰자가 최종 부피를 이루는 역할을 한다. 계란의 흰자만을 쓴 머랭 반죽과 다른 기본 재료에 흰자와 노른자를 섞어 넣은 스펀지 반죽이 있다.

(1) 머랭 반죽(meringue paste)

흰자에 설탕을 넣고 거품 낸 반죽으로 대체로 설탕과 흰자 비율은 2 : 1이다. 머랭법에는 냉제 머랭, 온제 머랭, 이탈리안 머랭, 스위스 머랭으로 구분된다.

(2) 스펀지 반죽(sponge paste)

계란에 설탕을 넣고 거품을 낸 후 건조 재료와 섞은 반죽을 말하며 거품을 내는 방법에 따라 공립법, 별립법, 단단계법 등으로 구분된다.

① 공립법(foam method) : 전란을 섞어 함께 거품을 내는 방법으로 더운 믹싱법과 찬 믹싱법이 있다. 더운 믹싱법은 계란과 설탕을 중탕하여 37~43℃까지 데운 뒤 거품을 내는 방법이고 찬 믹싱법은 중탕하지 않고 계란과 설탕을 거품 내는 방법이다.

② 별립법(two stage foam method) : 노동력과 시간이 절약되는 장점을 가지고 있으며 믹서의 성능과 믹싱 시간이 반죽의 특성을 지배한다.

③ 제노아즈법(genoise method) : 스펀지 케이크 반죽에 유지를 넣어 만드는 방법으로 이탈리아의 제노아(Genoa)라는 지명에서 유래되었다.

(3) 시퐁형 반죽(chiffon type paste)

별립법처럼 흰자와 노른자를 나누어 쓰되, 노른자는 거품을 내지 않고 흰자 머랭과 화학 팽창제로 부풀린 반죽을 말한다.

3. 제과 공정

| 기본 제조 공정 |

반죽법 결정 → 배합표 작성 → 재표 평량 → 과자 반죽 제조 → 성형 → 팬닝 → 굽기→ 냉각 → 포장

1) 반죽법 결정

제품의 종류에 따라 반죽 방법을 결정한다.

2) 배합표 작성

배합표란 제과를 만드는 데 필요한 재료의 구성과 그에 따른 재료의 비율이나 무게를 숫자로 표시한 것으로 레시피(recipe)라고 한다. 배합률 조절 공식에 따라 사용량을 결정한다. 과자 반죽의 특성은 고형질과 수분의 균형이 어떠한가로 결정된다.

3) 재료 계량

미리 준비하여 작성한 배합표대로 재료의 무게를 정확히 평량한다.

4) 과자 반죽 제조

과자 반죽의 온도를 일정하게 맞추어 과자의 특성을 살려 반죽할 수 있다. 낮은 반죽 온도는 기공이 조밀하여 부피가 작고 식감이 불량하며 높은 반죽 온도는 기공이 크게 열리고 큰 공기구멍이 생겨 조직이 거칠고 노화가 빠른 제품을 만들게 된다.

(1) 반죽 온도 조절

① 마찰계수 = 반죽 결과 온도 × 6 − (실내 온도 + 밀가루 온도 + 설탕 온도 + 유지 온도 + 계란 온도 + 수돗물 온도)

② 사용할 물 온도 계산 = 반죽 희망 온도 × 6 − (실내 온도 + 밀가루 온도 + 설탕 온도 + 쇼트닝 온도 + 계란 온도 + 마찰계수)

③ 얼음 사용량 = $\dfrac{\text{물사용량} \times (\text{수돗물 온도} - \text{사용할 물의 온도})}{80 + \text{수돗물 온도}}$

(2) 비중과 반죽량

① 비중 : 비중은 부피가 같은 물의 무게에 대한 반죽의 무게를 숫자로 나타낸 값을 뜻하고, 비중이 낮다는 것은 반죽에 공기가 많이 포함되어 있다는 것을 의미하여 조직이 거칠고 모양이 크다. 또한, 비중이 높은 것은 공기 함유가 적어 기공이 조밀하고 부피가 작고 무거운 조직이 된다.

$$\text{비중} = \frac{\text{반죽의 무게}}{\text{물의 무게}} = \frac{(\text{비중컵} + \text{반죽}) - (\text{비중컵 무게})}{(\text{비중컵} + \text{물}) - (\text{비중컵 무게})}$$

② 팬 용적과 반죽량 : 팬에 반죽량이 많거나 적을 경우 구웠을 때 제품의 형태가 좋지 않다.

(3) pH 조절

적정 pH는 제품에 따라 약간 차이는 있으나 일반적으로 화이트 레이어 케이크는 7.4~7.8, 옐로우 레이어 케이크는 7.2~7.6, 스펀지 케이크는 7.3~7.6, 파운드 케이크는 6.6~7.1, 데블스푸드 케이크는 8.5~9.2, 초콜릿 케이크는 7.8~8.8, 에인젤 푸드 케이크는 5.2~6.0 등이다.

① 산성 제품은 기공이 곱고 여린 껍질 색이 나며 신맛을 느낄 수 있다. 또한, 부피는 작고 향이 약한 편이다.
② 알칼리성 제품은 기공이 거칠고 어두운 껍질 색을 나타내며 강한 향과 소다 맛을 느낄 수 있다.
③ pH를 낮추고자 할 때는 주석산(크림 오브탈타) 크림을 사용하고 높이고자 할 때는 중조를 넣는다.
④ 배합 중의 재료(밀가루 : 산성, 계란 : 알칼리성, 과일주스 : 산성, 베이킹파우더 : 중성) 등을 이용해 적정 pH를 맞춰서 사용한다.

5) 성형 및 팬닝

과자 반죽의 모양을 만드는 방법에는 짜기, 찍기, 밀기, 팬닝 등의 여러 가지 방법이 있다.

(1) 짜기

반죽을 짤주머니에 넣고 짜는 형태로 대개 쿠키 등을 만들 때 사용된다.

(2) 찍기

반죽을 밀어 펴기 하여 갖가지 형태의 틀로 찍어 모양을 내는 방법으로 두께가 일정해야 하고 일정한 간격을 유지해야 한다.

(3) 밀기

도우 반죽에 유지를 놓고 3겹 접기를 한 후 밀어 펴기를 반복하는 형태로 유지 층이 일정하게 들어갈 수 있도록 밀기를 골고루 하여야 한다.

(4) 팬닝

비용적이란 반죽 1g이 팽창하여 차지하는 부피를 말한다.

반죽 무게 = 틀부피 ÷ 비용적

5. 굽기

(1) 온도 조절하기

고율 배합이나 반죽량이 많은 경우에는 낮은 온도에서 오래 굽고, 저율 배합이나 반죽량이 적은 경우에는 높은 온도에서 단시간에 굽는다.

(2) 굽기 중 제품의 현상

① 오버 베이킹(Over baking) : 너무 낮은 온도에서 구우면 윗면이 평평하고 조직이 부드러우며, 수분 손실이 크다.
② 언더 베이킹(Under baking) : 너무 높은 온도에서 구우면 조직이 거칠고 설익어 주저앉기 쉽다.

02 >
제빵 이론

1. 제빵의 정의

빵은 곡물을 가공하여 그 곡물이 갖고 있는 특성과 유전적 성격을 현실화시켜 인류 식량의 기초로 하는 가공 식품이라고 할 수 있다.

빵(영 : Bread, 프 : Pain, 독 : Brot)이란 밀가루 혹은 그 외 곡물에 이스트, 소금, 물 등을 가해 반죽을 만든 후 이를 발효시킨 뒤 오븐에서 구운 것이다.

즉 밀가루, 이스트, 소금, 물을 주원료로 하고 경우에 따라 당류, 유제품, 계란 제품, 식용유지, 그 밖의 부재료를 배합하여 반죽을 한 다음 발효시켜 구운 것이다.

1) 제빵법

(1) 직접법(Straight Dough Method)

직접법이라고도 하며 모든 재료를 믹서에 놓고 한 번에 믹싱을 끝내는 제빵법이다. 보통 발효는 1~4시간 정도 발효시키는 일반적 방법으로 소규모 베이커리에서 많이 이용되고 있는 제조법이다. 종류는 표준 스트레이트법, 비상 스트레이트법, 노타임법, 재반죽법 등이다.

(2) 스펀지법(Sponge Dough Method)

믹싱 공정을 두 번으로 나누어서 하는 것으로 중종법이라고도 한다. 처음은 스펀지(Sponge)라고 하며 나중의 반죽을 본 반죽(dough)이라고 한다. 종류는 표준 스펀지 도법(70%), 100% 스펀지 도법, 비상 스펀지 도법, 가당 스펀지 도법, 오버 나잇 스펀지 도법, 마스터 스펀지 도법

(3) 액종법(Brew process)

스펀지법의 변형으로 스펀지 대신 액종을 만들어 사용하는 방법이다.
대량 발효 가능하며 단백질 함량이 적은 밀가루로 빵 제조 시 권장, 액종 발효 후의 표준온도는 30℃이며 액종에 분유를 넣는 목적은 완충작용 때문이다.

(4) 연속식 제빵법(Continuous Dough Mixing System)

액종법을 기계화시킨 방법으로 각 공정이 자동 기계의 움직임에 따라 연속적으로 진행하는 방법이다. 연속식 제빵법에도 여러 가지가 있으며 러시아식과 미국식이 유명하다. 미국식의 특징은 어느 것이나 액종법과 똑같은 발효기를 만들어 그것을 푸레 반죽기에서 밀가루와 기타 부재료를 균일하게 혼합하고 반죽기로 보낸다.

(5) 노타임 반죽법(No Time Dough)

산화제, 환원제의 사용으로 발효시간을 25% 정도 단축시키며 발효에 의한 글루텐의 숙성을 산화제의 사용으로 대신 함으로써 발효시간을 단축한다.

(6) 냉동 반죽법(Frozen Dough Method)

1차 발효를 끝낸 반죽을 이스트가 살 수 있는 -40℃로 급속 냉동하여 -18~-25℃에서 저장 보관하였다가 해동하여 성형한 다음 굽기를 하는 방법이다. 보통 반죽보다 이스트를 2배가량 더 넣는다. (이스트는 냉동 전용 이스트를 사용한다.)

(7) 비상 반죽법(Emergency Dough Method)

표준 스트레이트법 또는 스펀지법을 변형시킨 방법이다. 기본적으로 표준 반죽법을 따르면서 표준보다 반죽 시간을 늘리고 발효 속도를 촉진시켜 전체 공정 시간을 줄임으로써 짧은 시간에 제품을 만들어 내는 방법이다.

(8) 재반죽법(Remixed Straight)

스트레이트법의 변형으로 스트레이트법에서 스펀지법과 가장 비슷한 제법으로 스펀지법보다 짧은 시간에 공정을 마치는 방법이다. 처음부터 전 재료를 반죽하는 방법과 소금을 제외한 재료를 먼저 반죽하는 영국식 방법이 있다. 냉동 반죽을 만들 때 적합하다.

2) 빵의 분류

(1) 식빵류

식빵은 주식용의 빵 또는 요리의 보완 식품인 식사용 빵이다. 설탕 함량이 5~8% 정도로 달지 않고 담백한 맛을 낸다.

(2) 과자빵류

보통 간식용 빵으로 식빵보다 설탕 유지, 계란 등이 많이 들어 있다. 일명 일본계라고 하는 과자빵류는 충전물을 넣은 빵과 충전물이 없는 것으로 구분된다. 대표적인 빵으로는 앙금빵, 소보로빵, 크림빵, 스위트롤 등이다.

(3) 조리빵류

각종 부식을 조합하여 만든 빵으로 충전물에 따라 다양하고 풍부하다. 대표적인 것으로 잉글리시 머핀, 샌드위치, 햄버거, 피자 등이 있다.

(4) 특수빵류

푸르츠, 넛트류, 각종 농산물 등 특수한 재료를 이용하고, 특이한 방법(팬에 굽기, 스팀, 튀김)으로 특수한 목적을 지닌 빵이다.

3) 제빵 공정

제빵법 결정 → 배합표 작성 → 재료 계량 → 원재료의 전처리 → 반죽(믹싱) → 1차 발효 → 분할 → 둥글리기 → 중간 발효→ 정형 → 팬닝 → 2차 발효 → 굽기 → 냉각

2. 반죽 mixing

기계화된 제빵 공정에서 개인의 기술이 뚜렷하게 나타나는 가장 중요한 공정이 믹싱이다. 반죽이란 밀가루, 이스트, 소금, 그 밖의 재료에 물을 더해 섞고 치대어 밀가루의 글루텐을 발전시키는 것을 말한다.

1) 믹싱 목적

① 원재료를 균일하게 분산, 혼합시켜 효모의 발효를 평균시키고 또한 활발하게 활동할 수 있게 한다.
② 반죽에 공기를 혼입하여 이스트 발효를 촉진시키고 반죽의 부피를 크게 한다.
③ 적당한 탄력성과 신장성(늘어나는 성질)을 가진 반죽을 만들어 빵의 내상을 좋게 하기 위함이다.

2) 믹싱 단계별 반죽 상태

(1) 픽업 단계(Pick up Stage)

글루텐 형성은 되지 않고 건조 재료와 수분이 서로 결합되는 상태를 말한다.

(2) 클린업 단계(Clean up Stage)

건조 재료의 수화가 완료되고 혼합물이 한 덩어리가 되어 반죽기의 볼이 깨끗하게 되며, 글루텐의 일부가 발달된 상태를 말하며 이때 유지를 첨가한다.

(3) 발전 단계(Development Stage)

글루텐이 발전되는 단계로서 최고의 탄력성을 가지며 반죽기도 최대의 에너지를 요하는 상태를 말한다.

(4) 최종 단계(Final Stage)

글루텐이 결합하는 마지막 단계로 탄력성과 신장성이 커지며 반죽을 넓혀 보면 엷은 피막이 터지지 않은 상태가 되는데, 이 단계를 제빵에서 최적기인 최종 단계라고 말한다.

(5) 렛 다운 단계(Let down Stage)

반죽이 탄력성을 잃으며 신장성이 최대인 상태를 말하는데 오버 믹싱(Over mixing)의 초기단계가 된다.

(6) 브레이크 다운 단계(Break down Stage)

탄력성과 신장성이 상실되며 반죽의 생기가 없어지고 찢어지는 반죽이 된다.

3. 1차 발효 1st Fermentation

1) 발효의 목적

(1) 반죽의 팽창작용

발효 중 발효성 탄수화물이 이스트에 의하여 탄산가스와 알코올로 전환되고 가스 유지력을 좋게 한다. 잘 발효시킨 반죽은 발효가 불완전한 제품에 비하여 더 부드러운 제품을 만들 수 있으며 노화도 느려진다.

(2) 반죽의 숙성작용

발효 과정 중 생기는 산은 전체 반죽의 산도를 높여 글루텐을 강하게 하거나 생화학적으로 반죽을 발전시켜 가스의 포집과 보유 능력을 개선한다.

(3) 빵의 풍미 생성

발효에 의해 생성된 아미노산, 유기산, 에스테르 알데히드 같은 방향성 물질이 생성되어 빵이 특유한 향을 가지게 된다.

2) 발효의 3요소

팽창제(이스트), 기질(밀가루), 환경(수분 등)

4. 펀치 Punch

일반적으로 스트레이트법으로 발효 2/3(전체 발효시간의 60%에 도달했을 때) 진행 시 반죽의 가장자리를 가운데로 뒤집어 보아 가스를 빼주는 것을 말한다.

1) 펀치의 목적

① 글루텐 조직을 자극하여 글루텐의 팽창력을 강화하여 빵의 부피를 크게 한다.
② 산소 공급으로 이스트 활성을 강화시켜 발효를 촉진한다.
③ 반죽 온도를 균일하게 해준다.
④ 빵 속의 기공을 치밀하게 한다.

4. 분할 Dividing

1차 발효를 끝낸 반죽을 미리 정한 무게만큼씩 나누는 것을 말한다. 분할하는 과정에도 발효가 진행되므로 가능한 빠른 시간에 분할해야 한다.

5. 둥글리기 Rounding

분할한 반죽을 손으로 또는 전용 기계로 둥글림으로써 반죽의 잘린 단면을 매끄럽게 마무리하고 가스를 균일하게 조절한다.

1) 둥글리기의 목적

① 분할로 흐트러진 글루텐의 구조와 방향을 정돈시킨다.
② 분할된 반죽을 성형하기 적적한 상태로 만든다.
③ 가스를 반죽 전체에 퍼뜨려 반죽의 기공을 고르게 조정한다.
④ 정형할 때 끈적거리지 않도록 반죽 표면에 얇은 막을 형성한다.
⑤ 중간 발효 중에 발생하는 가스를 보유할 수 있는 반죽의 구조를 만들어 준다.

6. 중간 발효 Intermediate Proofing

둥글리기 끝난 반죽을 정형하기 전에 잠시 발효시키는 것으로 벤치 타임(Bench time), 오버 헤드 프루프(Over head proof)라고도 하며 한마디로 반죽의 탄력성, 유연성을 회복하고 가스를 생성하여 부풀리기 위함이다.

1) 중간 발효의 목적

① 글루텐의 배열을 재정돈함과 동시에 약간의 가스를 발생시켜 다음 공정인 성형에서의 작업성을 좋게 한다.
② 분할 둥글리기 공정에서 굳은 반죽을 완화시켜 탄력성과 신장성을 회복한다.
③ 반죽 표면에 얇은 막을 만들어 성형할 때 끈적거리지 않게 하기 위해서다.

7. 정형 Moulding, Make Up

정형에는 손 성형과 기계 성형 2가지가 있다. 중간 발효한 반죽을 틀에 넣기 전에 일정한 모양으로 만드는 공정을 말한다.

8. 팬닝 Panning

1) 올바른 팬닝 요령

① 반죽의 이음매가 밑으로 하여 틀에 넣는다.
② 팬의 온도를 32℃가 적당하다. (너무 차가우면 2차 발효 시간이 길어진다.)
③ 발연점이 높은(210℃ 이상 되는 기름) 기름을 사용한다.
④ 보통 반죽 무게의 0.1~0.2%를 사용한다. (과당 사용 시 밑 껍질이 두껍고 옆면이 약해 자를 때 찌그러진다.)

9. 2차 발효 2nd Fermentation

1) 2차 발효의 정의

정형한 반죽을 한 번 더 가스를 포함함으로써 반죽의 신장을 높여 부드러운 제품을 구워내기 위한 작업으로 발효의 최종 단계이다. 즉 성형 시 글루텐의 신장성이 떨어져서 그대로 구운 것은 부피가 작고 식감이 딱딱한 빵이 되어 버린다. 다시 반죽을 발효시켜 글루텐을 연하게 하여 오븐 팽창이 양호한 빵을 만드는 것이 목적이다. 외형과 식감의 제품을 얻기 위하여 제품 부피의 70~80%까지 부풀린다.

2) 2차 발효의 목적

① 정형에서 가스가 빠진 반죽을 다시 부풀린다.
② 발효 산물인 알코올, 유기산 및 그 외의 방향성 물질을 생산한다.

③ 발효 산물 중 유기산과 알코올이 글루텐을 부드럽게 만들게 되므로 발효를 통해 반죽의 신장성을 높여 오븐 팽창을 키우기 위함이다.
④ 반죽 온도의 상승에 따른 이스트와 효소를 활성화한다.
⑤ 바람직한 외형과 식감을 얻게 한다.

3) 2차 발효의 완료점 판단 기준

① 완제품의 70~80%의 부피로 부풀었을 때
② 정형된 반죽의 3~4배 부피로 부풀었을 때
③ 손가락으로 눌렀을 때의 반죽의 저항성으로 판단
④ 틀 용적에 대한 부피 증가로 판단

■ **습도가 높을 때**

- 거친 껍질이 생긴다.
- 반점이나 줄무늬가 생긴다.
- 수포가 형성된다.
- 제품의 윗면이 납작해진다.
- 2차 발효와 굽기 손실 감소 된다.

■ **습도가 낮을 때**

- 용적이 크지 않고 표면이 갈라진다.
- 반죽 표면의 수분이 증발하여 표피가 말라 껍질이 생긴다.
- 당화 부족으로 구운 색이 불량하고 얼룩이 생기기 쉬우며 광택이 부족하다.
- 굽기 중 팽창이 작으며 터지지 쉽다.

■ **습도는 부피, 기공보다 껍질의 색상과 상태에 큰 영향을 줌.**

10. 굽기 Baking

굽기 과정을 통하여 알파 전분 상태인 소화가 용이한 형태로 변화된다. 일반적으로 2차 발효 과정인 생화학적 반응이 굽기 후반부터 멈추고 전분과 단백질은 열

변성하여 구조력을 형성시키는 과정을 말하며 제빵 공정에서 가장 중요한 공정이라 할 수 있다.

1) 굽기의 목적

① 발효에 의해 생긴 탄산가스의 발생에 의해 빵의 부피가 커진다.
② 전분을 소화시켜 가볍고 소화되기 쉬운 제품으로 바꾼다,
③ 껍질의 구운 색을 내어 맛과 향을 향상한다.

11. 냉각 Cooling

1) 냉각의 특징

① 갓 구워낸 빵을 식혀 상온의 온도로 낮추는 것을 말한다.
② 냉각 온도 : 35~40℃
③ 수분 함유량 : 38%(갓 구워낸 빵의 껍질 12%, 빵 속에 45%의 수분을 갖고 있다.)
④ 무게 손실 : 2%(냉각 손실은 여름철에 적고 겨울철에 많다.)

2) 냉각의 목적

① 곰팡이 및 기타 균의 피해를 막는다.
② 빵의 절단 및 포장을 용이하게 한다.

12. 빵의 노화

빵의 껍질과 속결에서 일어나는 분리, 화학적 변화 딱딱해지고 맛, 촉감, 향이 좋지 않은 방향으로 바뀌는 현상.

1) 껍질의 노화(crust staling) : 바삭바삭하던 껍질이 부드러워진다

빵 속의 수분이 껍질로 옮겨진 결과 껍질은 부드러워지고 빵 속이 질기고 향이

없다.

2) 빵 속의 노화(crumb staling)

부드럽고 말랑말랑하던 빵 속이 굳고 탄력성을 잃어 부서지기 쉽다. 또한, 조직이 거칠고 마른 느낌이 나며 신선한 풍미를 잃고 이상한 냄새를 풍긴다.

3) 노화를 늦추는 방법

① 저장 온도는 -18℃ 이하, 21~35℃로 유지한다.
② 유화제 사용(모노디글리세리드 계통)
③ 당류를 첨가한다.
④ 수분 함량을 높이거나 반죽에 알파 아밀라아제를 첨가한다.
⑤ 질 좋은 재료 선택.

French Desserts and Baking

11

CHAPTER

도구 및 용어 해설

1
2
3
4
5
6
7
8
9
10
11
12
13
14
15
Silpan
16
17
18

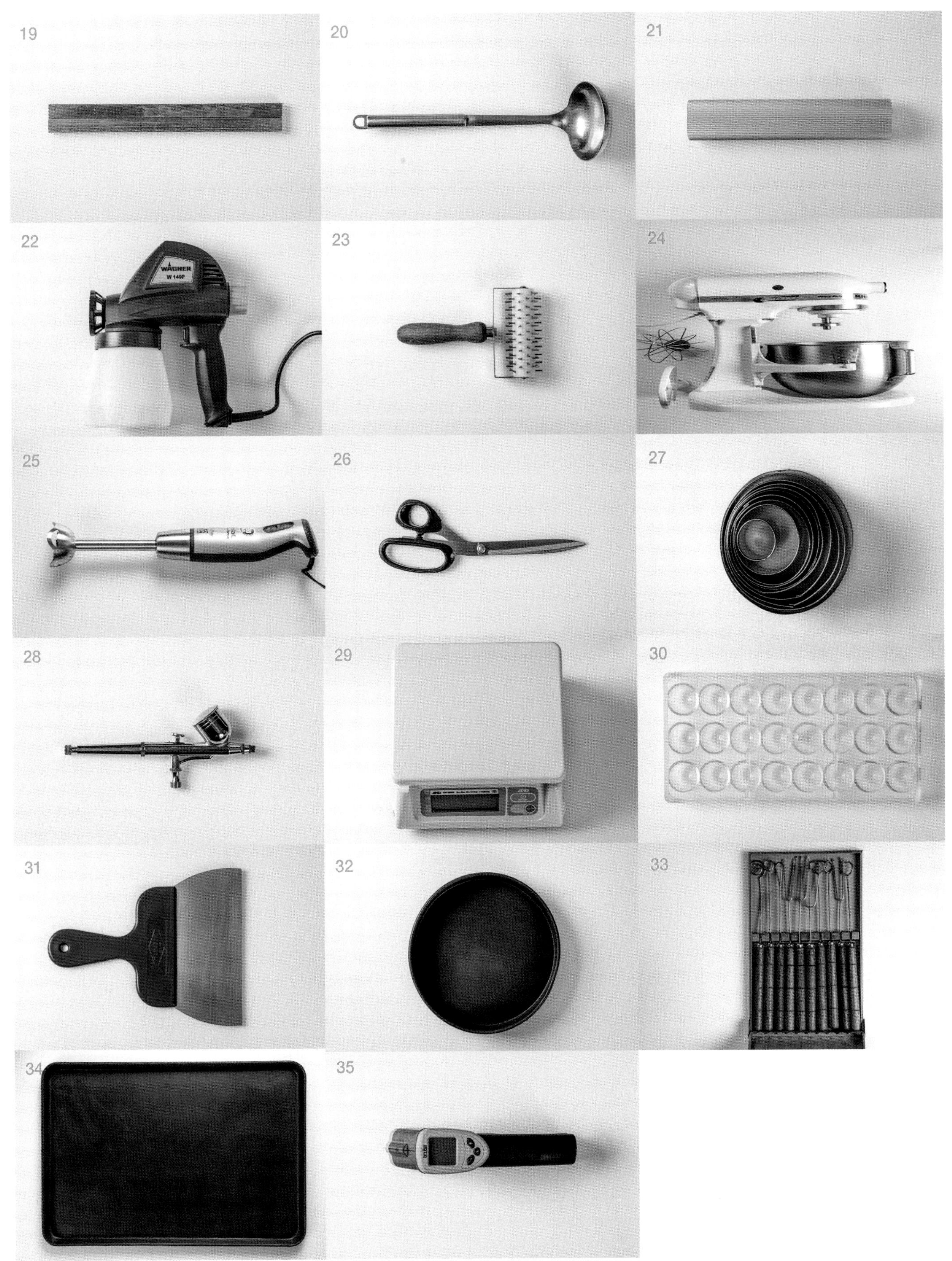
19
20
21
22
WAGNER
W 140P
23
24
25
26
27
28
29
30
31
32
33
34
35

01 >
도구 MATERIEL

1. Couteau-scie(쿠토시) : 빵칼

빵 나이프. 날이 톱니처럼 되어 있는 칼로 제누아즈 등 부드러운 반죽의 양면을 깨끗이 자를 수 있다. 반대로 딱딱한 과일 껍질을 벗길 때도 좋다.

2. Palette coudée(팔레트 쿠데) : L자 스패튤러

L자형 팔레트. 용도는 팔레트 아 앙트르메와 같지만 자루 가까운 부분에 각도가 붙어 있어서 반죽을 넓게 발라 펼 때 편리하다.

3. Palette à entremets(팔레트 아 앙트르메) : 일자 스패튤러

팔레트. 크림이나 글라사주를 균등하게 발라 펴고, 표면을 평평하게 할 때 사용한다. 끝부분이 둥글고 얇은 칼은 탄력성이 있다.

4. Corne(코른) : 스크레퍼

스크레이퍼. 작업대에서 반죽을 만들 때나 볼의 반죽을 섞을 때 등에 사용한다. 또 냄비나 볼에 남은 재료를 깨끗이 꺼낼 때도 편리.

5. Raclette en caoutchouc(라클레트 앙 카우추) : 고무주걱

고무주걱. 마리즈(Martse)라고도 한다. 재료를 섞거나, 볼이나 냄비에 남은 재료를 말끔하게 덜어낼 때 사용한다.

6. grille plate(그리유 플라트) : 식힘망

구워진 반죽을 올려 냉각 식힐 때 사용한다.

7. Rouleau à pâtisserie(롤로 아 파티스리) : 밀대

밀대. 반죽을 늘리거나 펼 때 사용한다. 어느 정도의 길이와 무게가 있는 편이 사용하기 쉽다. 목재 타입은 물로 닦지 않고 행주로 더러워진 것을 닦아 낸다.

8. Pinceau(팽소) : 붓

솔. 시럽이나 나파주를 바를 때 사용한다. 색이나 냄새가 배기 쉬우므로 사용 후에는 잘 씻어서 건조시켜야 한다.

9. Fouet(푸에) : 거품기

거품기. 주로 달걀흰자나 생크림에 거품 낼 때 사용한다. 다양한 크기의 거품기가 있지만 사용하는 볼의 지름과 같은 정도의 길이를 선택하면 좋다.

10. Casserole(카스를) : 냄비

편수 냄비. 평평한 원통형 냄비. 크렘 파티시에르, 크렘 앙글레즈를 만들 때 사용한다. 크기는 다양하다.

11. Bassine(바신) : 볼

믹싱볼. 재료를 섞거나 달걀이나 크림을 거품 낼 때 사용. 크기는 용도에 따라서 선택한다.

12. Cercle à entremets(세르클 아 앙트르메) : 무스틀

구워낸 소재와 무스 등을 조합할 때 이용하는 원형 틀.

13. Couteau èminceur (쿠토 에멩세르) : 민자칼

무스 케이크, 초콜릿을 커팅할 때 사용한다.

14. Tamis(타미) : 손잡이체

체 치고 거르는 망. 밀가루나 가루 설탕을 체 치거나 섞인 재료를 거를 때 사용한다.

15. Papier sulfurisé(테프론 시트) : 실리콘 페이퍼

제품을 오븐에서 구울 때 분리가 쉽고 위생적이어서 팬에 깔고 사용한다.

16. Grille plate(그리유 플라트) : 타공팬

식힘망. 다 구워진 반죽을 올려서 식힐 때 등에 사용한다.

17. Moule à tarte(물 아 타르트) : 타르트 틀

클래식한 타르트 틀. 지름 15~24cm 크기의 다양한 틀이 있다. 바닥이 빠지는 것과 빠지지 않는 것이 있는데, 앞의 것이 더 사용하기 쉽다.

18. Plaque(플라크) : 냉각판

초콜릿이나 디저트를 옮겨 냉각시킬 때 사용한다.

19. Règle à chocolat (레글 아 쇼콜라) : 높이자

커트 룰러. 가나슈 등을 균등한 크기로 맞춰 자르기 위한 자

20. Louche(루슈) : 국자

액체를 뜨거나 유동성 있는 무스를 틀에 부을 때 사용한다. 붓는 입구가 붙어 있는 것도 있다.

21. Rouleau cannelè(룰로 카늘레) : 밀대

마지팡 룰로. 표면에 잔골이 파인 밀대.
마지팡의 표면에 모양을 내고 싶을 때 사용한다.

22. Pistolet à chocolat(피스톨레 아 쇼콜라) : 초콜릿 용 스프레이건

앙트르메의 마무리나 모양을 낼 때 등에 사용한다.

23. Rouleau pique-vite(룰로 피케비트) : 피케

구멍을 내는 피케 롤러. 틀이나 오븐 팬과 반죽 사이에 증기가 차지 않도록 반죽 표면에 공기 구멍을 낼 때 사용한다.

24. Machine à mixer(마신 아 믹쇠르) : 믹서

생크림이나 달걀흰자를 거품 내거나 반죽에 공기를 넣으면서 섞을 때 사용한다.

25. Mixeur(믹쇠르) : 핸드믹서

식재를 잘게 부수거나 섞거나 거품 낼 때 사용하는 기구. 가나슈를 만들 때, 마무리로 믹서를 돌리면 매끄러운 상태가 된다.

26. Ciseaux(시조) : 가위

반죽에 칼집을 넣거나 앙트르메의 종이판을 자를 때 등 폭넓게 사용한다.

27. Emporte-piece uni(앙포르트피에스 위니) : 둥근 모양 틀

늘린 반죽을 둥글게 찍어 낼 때 사용한다. 지름 2~10cm 크기가 있다.

28. Air brush(에어브러시) : 에어브러시

초콜릿 몰드나 공예품에 색소를 분사하거나 마무리 작업을 할 때 사용한다.

29. Balance(발랑스) : 저울

디지털 저울은 재료의 정확한 양을 계량할 때 사용하는데 1g 단위로 측정되는 저울이 조금 더 정확한 계량을 위해서 편리하다.

30. Moule à chocolat(물 아 쇼콜라) : 초콜릿 몰드

가나슈를 채운 초콜릿을 만드는 몰드. 다양한 형태와 모양이 있다.

31. Grattoir(그라투아르) : 초콜릿 스크래퍼

다량의 초콜릿을 템퍼링할 때 사용한다.

32. Moule à cake(물 아 케이크) : 케이크 틀

케이크, 파운드케이크 등을 구울 때 사용하는 틀

33. Fourchette à chocolat(푸르셰트 아 쇼콜라) : 디핑 초콜릿 포크

초콜릿용 포크. 사각 봉봉 쇼콜라의 마무리나 초콜릿을 코팅할 때 사용하는 도구

34. Plaque à four(플라크 아 푸르) : 오븐 팬

오픈 팬. 반죽을 구울 때, 반죽을 올려놓거나 채워서 오븐 안에 넣는다. 얇은 것과 깊은 것, 형태는 여러 가지

35. Infrared radiation thermometer(레이저 온도계) : 레이저 온도계

레이저 온도계를 이용하여 템퍼링을 확인할 때는 볼 안에 있는 초콜릿을 잘 섞은 다음 초콜릿 표면에 가깝게 대고 2~3군데 체크하여 온도를 측정한다.

02 >
프랑스 과자 용어 해설 Vocabulaire

abaisser (아베세)
반죽을 정해진 두께까지 밀대로 고르게 민다.

bain-marie (뱅마리)
1. 불에 직접 닿지 않도록 중탕 용기에 넣는다.
2. 바트 등 바닥이 깊은 용기에 틀을 넣고 중탕한다.

beurrer (뵈레)
틀 안쪽이나 오븐팬에 녹인 버터나, 포마드 상태로 만든 버터를 솔 따위로 얇게 바른다.

blanchir (블랑시르)
거품기를 이용해 계란 노른자와 설탕을 하얀 크림 상태가 될 때까지 잘 섞는다.

canneler (까늘레)
오렌지나 레몬 껍질에 홈을 파는 칼로 줄을 그어 장식한다.

chemiser (슈미제)
1. 버터를 얇게 바른 틀 안쪽이나 오븐팬에 밀가루를 뿌리거나 유산지 또는 쿠킹 시트를 깐다.
2. 틀 안쪽에 시트나 비스퀴를 붙인다.

clarifier (클라리피에)
1. 계란 을 노른자와 흰자로 나눈다.
2. 중탕해서 버터를 녹이고 버터 위에 분리되어 뜬 것만 떠낸다(정제 버터를 만들 때).

corner (코르네)
카드나 스크레이퍼로 볼이나 용기 안에 있는 재료를 모두 깨끗하게 꺼낸다.

décorer (데코레)
마무리 작업 과정의 하나로 여러 재료를 사용해 과자를 장식하는 것.

démouler (데물레)
구워낸 빵이나 굳은 무스 등을 틀에서 빼낸다.

détailler (데타예)
재료를 일정한 무게로 잘라 나누거나 모양틀로 찍어 낸다.

détrempe (데따에)
밀가루, 물, 소금으로 반죽한 것. 주로 겹으로 접는 파이 시트를 만들 때 쓰는 용어로 버터를 넣기 전 단계의 시트를 말한다.

dorer (도레)
빚어 낸 시트 표면에 계란 노른자(계란을 풀어 망으로 거른 것)를 솔로 얇게 바른다.

ébarber (에바르베)
가장자리나 둘레에 있는 여분의 시트를 잘라내는 것.

égoutter (에구테)
망이나 식힘망에 얹어 여분의 물기를 빼는 것.

fariner (파리네)
작업대에 반죽 등이 달라붙지 않도록 밀가루를 뿌린다.

flamber (플랑베)
재료에 알코올을 뿌리고 불을 붙여 알코올 성분을 증발시키고 향을 낸다.

foncer (퐁세)
타르트용 틀이나 세르클 틀에 반죽을 꼭 맞게 깔아 넣는 것.

fontaine (퐁텐)
작업대 위 또는 볼에 담긴 밀가루 한가운데에 연못 모양으로 큰 홈을 만든다.

fraiser (프레제)
손바닥으로 반죽을 바깥쪽에서 안쪽으로 밀어 넣는 식으로 치대어 반죽에 섞인 재료를 부드러운 상태로 만든다.

griller (그리예)
너트류(아몬드, 호두, 헤이즐넛 등)를 오븐에 구워 색을 낸다.

imbiber (앵비베)
구워낸 시트에 시럽이나 알코올 등의 액체가 스며들게 한다.

macérer (마쎄레)
드라이 프루츠 등을 알코올이나 리큐르에 담가 향이 스며들게 한다.

masquer (마스케)
크림이나 녹인 초콜릿, 마스팽 등으로 과자 전체를 덮는다.

monter (몽테)
계란 흰자나 생크림 등을 거품기나 믹서 등으로 거품을 낸다.

nappage (나파주)
살구 등의 잼을 가는 체에 거른 것으로 마무리 때 타르트나 과자 표면에 윤기를 내는 데 쓴다.

napper (나페)
과자나 타르트 위에 나파주나 잼, 크림 등을 솔이나 팔레트로 바른다.

pincer (팽세)
퐁세한 시트의 둘레를 손가락 또는 파이 집게로 집어 장식 무늬를 만든다.

piquer (피케)
밀대로 민 시트를 구울 때 부풀지 않도록 포크나 피케 롤러로 작은 구멍을 만든다.

pommade (포마드)
유지나 크림을 부드러운 상태로 만든다.

rayer (레예)
오븐에 넣기 직전에 도레한 시트 표면에 칼로 줄을 긋는다.

ruban (뤼방)
계란이나 설탕을 거품기로 충분히 거품을 내어 리본처럼 끊김 없이 포개지면서 흘러내리는 상태를 말한다.

sabler (사블레)
밀가루나 버터를 손바닥으로 비비듯 섞어 모래 같은 상태로 만든다.

tamiser (타미제)
덩어리나 불순물을 제거하기 위해 체에 내린다.

tremper (트랑페)
1. 사바랭 시트 등을 시럽에 적신다.
2. 초콜릿이나 퐁당 혹은 엿을 표면 전체나 일부에 바르기 위해 그 안에 집어넣는다.

03 >
프랑스 과자 반죽법 용어

PÂTE SABLÉE (파트 사블레)
파트 쉬크레와 마찬가지로 설탕이 많이 들어간 반죽. 쿠키의 기본 반죽이며, 반죽에 향료나 너트류 등을 넣는다든지 하여 다양하게 응용할 수 있다. 반죽할 때 베이킹파우더를 넣으면 완성품이 훨씬 부드러워진다.

PÂTE SUCRÉE (파트 쉬크레)
파트 브리제에 비해 설탕의 양이 많은 것이 특징이다. 설탕의 양이 많으면 글루텐의 작용이 약화되어 매우 무르고 다루기 어려운 반죽이 되므로 차게 해서 빨리 작업하는 것이 요령.

PÂTE BRISÉE (파트 브리제)
설탕의 양이 적어 글루텐이 쉽게 생기는 반죽이므로 너무 치대지 않는 것이 포인트. 반죽에 소금을 넣어 요리용 반죽으로 쓸 수도 있다.

PÂTE BATTUE POUSSÉE (파트 바튀 푸세)
반죽 속의 기포를 팽창시켜 부풀게 하는 반죽. 베이킹파우더를 넣으면 탄산가스를 발생하여 부풀어 오른다.

GÉNOISE (제누아즈)
이탈리아 제노바 지방에서 생겨났다 하여 붙여진 이름. 계란에 설탕을 넣고 중탕으로 열을 살짝 가한 뒤 거품을 내면 부드러운 맛을 느낄 수 있다.

BISCUIT (비스퀴)
비교적 제누아즈와 비슷한 배합으로 만들지만 비스퀴는 계란 흰자와 노른자를 따로 거품을 낸 뒤 밀가루를 섞으므로 제누아즈보다 가볍게 구워진다.

PÂTE À CHOUX (파트 아 슈)
반죽이 포함하고 있는 수분이 수증기가 되면서 반죽이 팽창하지만 계란, 밀가루, 유지 등의 작용으로 다시 수축되지 않고 부푼 상태를 유지한다. 슈는 프랑스어로 양배추라는 뜻. 구워진 모양이 양배추를 닮았다 해서 이런 이름이 붙여졌다.

PÂTE FEUILLETÉE (파트 푀이테)

반죽과 유지를 밀대로 밀었다가 다시 접기를 반복해서 여러 겹을 이룬 반죽. 구울 때 유지가 녹아 반죽에 흡수되고, 반죽 속의 수분이 수증기가 되어 층을 밀어 올려 부푼다. 층층이 보기 좋은 결이 나온다.

PÂTE LEVÉE (파트 르베)

이스트로 발효시켜 만드는 반죽의 총칭. 이 반죽은 다른 반죽과 달리 살아 있는 효모로 만든다.

BRIOCHE (브리오슈)

버터 함량이 가장 많은 고급스러운 반죽. 반죽을 충분히 치대어 글루텐을 충분히 끌어낸 다음 유지를 섞는 것이 요령.

MOUSSE (무스)

무스는 '거품'이란 뜻으로, 부드럽고 가벼운 과자를 말한다. 기포를 넣어 가볍게 하기 때문에 머랭그를 넣거나 거품 낸 생크림을 넣는다. 다양한 맛과 향을 첨가하여 맛의 변화를 줄 수 있다.

ENTREMETS FROID (앙트르메 프루아)

앙트르메란 디저트 과자 전반에 걸쳐 쓰이는 말인데, 차가운 것과 따뜻한 것으로 분류할 수 있다. 젤리, 무스, 바바루아 등이 앙트르메 프루아의 대표적인 것이다.

CRÉME AU BEURRE (크렘 오 뵈르)

버터를 기초로 해서 만드는 크림. 만드는 방법은 여러 가지인데, 이 책에서는 파타 봄브(계란 노른자와 118℃까지 끓인 시럽을 섞은 것)를 기초로 하여 부드럽게 만든다. 또 알코올이나 에센스를 넣어 다양한 맛을 낼 수도 있다.

CRÉME MOUSSELINE (크렘 무슬린)

크렘 파티시에르와 크렘 오 뵈르의 중간쯤에 있는 크림. 버터는 넣기 전에 충분히 부드럽게 해놓고, 혼합한 크림은 기포를 잘 내어 입안에서 매끄럽게 녹는 부드러운 크림으로 만든다.

CRÉME BAVAROISE (크렘 바바루아즈)

크렘 앙글레즈에 젤라틴을 넣고 식힌 다음 거품 낸 크림을 넣고 섞어 차게 해서 굳힌 것. 취향에 따라 알코올이나 향료를 넣어 여러 종류의 바바루아를 만들 수 있다.

CHOCOLAT (쇼콜라 : 초콜릿)

쿠베르튀르라 불리는 초콜릿은 카카오 버터 함유율이 31% 이상이며, 종류를 더욱 세분하면 브랑, 오 레, 누아르의 세 종류가 있다. 카카오 원두의 원산지에 따라 초콜릿의 종류를 나누는 메이커도 있는데 신맛, 쓴맛, 향취 등이 서로 다르다.

참고문헌 : 일본도쿄 르 꼬르동 블루 교수진(2001) 프랑스 과자의 기초 II(쿠켄)

쉽게 따라 배우는

프랑스 정통 디저트와 제과제빵 실무

초판 1쇄 인쇄 2017년 8월 16일
초판 1쇄 발행 2017년 8월 22일

저자 이주영
펴낸이 박정태
편집이사 이명수
감수교정 정하경
편집부 김동서, 위가연, 이정주
마케팅 조화묵, 박명준, 최지성
온라인마케팅 박용대
경영지원 최윤숙

펴낸곳 광문각
출판등록 1991.05.31 제12-484호
주소 파주시 파주출판문화도시 광인사길 161 광문각 B/D
전화 031-955-8787
팩스 031-955-3730
E-mail kwangmk7@hanmail.net
홈페이지 www.kwangmoonkag.co.kr

ISBN 978-89-7093-854-7 93590
가격 35,000원